EXPLICA TUDO

COISAS DIFÍCEIS EM PALAVRAS FÁCEIS

EXPLICA TUDO

COISAS DIFÍCEIS EM PALAVRAS FÁCEIS

RANDALL MUNROE

TRADUÇÃO
ÉRICO ASSIS

COMPANHIA DAS LETRAS

Copyright © 2015 by Randall Munroe
Todos os direitos reservados.

Grafia atualizada segundo o Acordo Ortográfico da Língua Portuguesa de 1990, que entrou em vigor no Brasil em 2009.

Título original
Thing Explainer: Complicated Stuff in Simple Words

Capa e projeto gráfico
Christina Gleason

Preparação
Alexandre Boide

Revisão
Angela das Neves
Márcia Moura

Dados Internacionais de Catalogação na Publicação (CIP)
(Câmara Brasileira do Livro, SP, Brasil)

Munroe, Randall
   Explica tudo : coisas difíceis em palavras fáceis / Randall Munroe ; tradução Érico Assis. — 1ª ed. — São Paulo : Companhia das Letras, 2017.

   Título original: Thing Explainer : Complicated Stuff in Simple Words
   ISBN 978-85-359-2953-9

   1. Ciências – Miscelânea – Obra de divulgação 2. Ciências exatas 3. Ciências físicas 4. Física 5. Tecnologia I. Título.

17-05518   CDD-500.2

Índice para catálogo sistemático:
1. Ciências físicas 500.2

[2017]
Todos os direitos desta edição reservados à
EDITORA SCHWARCZ S.A.
Rua Bandeira Paulista, 702, cj. 32
04532-002 — São Paulo — SP
Telefone: (11) 3707-3500
www.companhiadasletras.com.br
www.blogdacompanhia.com.br
facebook.com/companhiadasletras
instagram.com/companhiadasletras
twitter.com/cialetras

ESTA OBRA FOI COMPOSTA POR ACOMTE EM GOTHAM ROUNDED
E IMPRESSA PELA GEOGRÁFICA EM OFSETE SOBRE PAPEL ALTA ALVURA
PARA A EDITORA SCHWARCZ EM AGOSTO DE 2017

A marca FSC® é a garantia de que a madeira utilizada na fabricação do papel deste livro provém de florestas que foram gerenciadas de maneira ambientalmente correta, socialmente justa e economicamente viável, além de outras fontes de origem controlada.

COISAS NESTE LIVRO, POR PÁGINA

Página antes de começar o livro vii
Introdução

Dividindo a casa no espaço 1
Estação Espacial Internacional

Saquinhos de água que formam você 2
Célula animal

Edifício que cria força com metal pesado 3
Reator nuclear

Carro-do-espaço que foi ao mundo vermelho . . . 4
O Rover Curiosity

Sacos de coisas dentro de você 6
Torso humano

Caixa que deixa a roupa com cheiro bom 7
Lavadora e secadora

A pele da Terra 8
O mapa físico da Terra

Embaixo da tampa da frente do carro 12
Motor veicular

Barco-do-céu com asas que giram 13
Helicóptero

As leis que valem nos Estados Unidos 14
A Constituição dos Estados Unidos

Como os Estados Unidos fizeram as leis
valerem 15
O USS Constitution

Caixa de rádio que aquece comida 16
Forno micro-ondas

Confere-forma 17
Cadeado

Sala que sobe e desce 18
Elevador

Barco que vai embaixo da água 19
Submarino

Caixa que limpa coisas onde vai comida 20
Lava-louças

Pedras grandes e lisas onde moramos 21
Placas tectônicas

Mapas de nuvens 22
Mapas climáticos

Árvore 23
Árvore

Máquina de queimar cidades 24
Bomba nuclear

Sala de águas 25
Banheiro

Edifício cheio de computadores 26
Data center

Sobe-Rápido nº 5 do Time do Espaço dos
Estados Unidos 28
O Foguete Saturn V

Mexe-barco-do-céu 30
Motor a jato

Coisas em que se toca para fazer
o barco-do-céu voar 31
Cabine de piloto

Bate-coisinhas gigante 32
Grande Colisor de Hádrons

Caixas de força 33
Pilhas e baterias

Barco-cidade que faz buracos 34
Plataforma de exploração de petróleo

Coisas na Terra que podemos queimar 35
Minas

Estradas altas 36
Pontes

Computador que dobra 37
Laptop

Mundos em volta do Sol 39
O Sistema Solar

Pega-imagens 40
Câmera fotográfica

Palitos de escrever 41
Caneta e lápis

Computador de mão 42
Smartphone

Cores da luz 43
Espectro eletromagnético

O céu à noite 44
O céu noturno

Pecinhas das quais tudo é feito 47
Tabela periódica

Nossa estrela 49
O Sol

Como contar coisas 50
Unidades de medida

Sala de ajudar pessoas 51
Leito hospitalar

Campos de jogo 52
Campos esportivos

A Terra, antes 53
Períodos geológicos da Terra

Árvore da vida 54
A árvore genealógica da vida

As dez centenas de palavras que as pessoas
mais usam 57
As mil palavras mais comuns no nosso idioma

Ajudadores 61
Agradecimentos

Toca-céu 65
Arranha-céu

PÁGINA ANTES DE COMEÇAR O LIVRO

Oi!

Este livro tem imagens e palavras fáceis. Cada página explica como funciona uma coisa importante ou interessante, usando só as dez centenas de palavras mais usadas da nossa língua. Esta página está aqui para dizer oi e explicar por que o livro é assim.

Passei muito tempo da minha vida preocupado que as pessoas achavam que eu não sabia muita coisa. Às vezes, essa preocupação me fez usar palavras difíceis quando eu não precisava.

Uma das coisas que já me fizeram usar palavras difíceis é a forma do mundo. O mundo é redondo, mas não *bem* redondo. Por conta do jeito como ele gira, o mundo é um pouco mais gordo no meio. Se você for construir um barco-do-espaço para voar em volta do mundo, precisa saber qual é a forma do mundo, e nesse caso pode usar palavras difíceis que não são "redondo". Mas muitas vezes não interessa tanto qual é a forma, por isso as pessoas dizem só "redondo".

Quando eu estava na escola, aprendi o que é um barco-do-espaço e a usar muitas palavras difíceis para falar de coisas como a forma do mundo. Às vezes usava essas palavras difíceis porque elas eram diferentes das palavras fáceis e porque a diferença era importante. Mas muitas vezes usei as palavras difíceis só por medo de que, se usasse as fáceis, as pessoas achariam que eu não conhecia as difíceis.

Gostei de escrever este livro porque ele tirou de mim o medo de parecer burro. Quando você diz coisas tipo "barco-do-espaço" e "mexe-água", *tudo* parece coisa de burro. Usando palavras fáceis, eu parei de me preocupar tanto. Me diverti inventando nomes de coisas e tentando explicar ideias legais de outro jeito.

Tem quem diga que nem existe motivo para aprender palavras difíceis — o que é importante é saber o que a coisa *faz*, não qual é o *nome* da coisa. Não acho que isso seja sempre verdade. Para aprender o que as coisas fazem, você precisa de ajuda de outros e, se quiser entender os outros, você tem que entender o que eles querem dizer com as palavras que usam. E também precisa saber os nomes das coisas para fazer perguntas sobre essas coisas.

Mas tem muito livro que explica o nome das coisas. Este livro explica o que as coisas fazem.

Já falei tudo que queria sobre o livro. Vire a página para aprender mais sobre o espaço!

DIVIDINDO A CASA NO ESPAÇO

Esta casa no espaço fica um pouquinho acima do ar. Ela foi construída por pessoas de vários países, que voam até lá em barcos-do-espaço quando querem fazer visitas.

Como a casa está caindo em volta da Terra, as coisas dentro dela ficam paradas no ar e não caem no chão. Dentro da casa, coisas como a água fazem um movimento muito estranho, e você pode voar chutando as paredes. Todo mundo diz que é bem legal.

As pessoas dentro da casa ficam trabalhando, brincando e fazendo imagens da Terra. Elas trabalham para pessoas no chão, ajudando a entender como coisas tipo flores e máquinas funcionam no espaço. Geralmente ficam só seis pessoas na casa, e cada pessoa fica metade de um ano.

Um dos motivos importantes para construir a casa do espaço foi aprender como deixar pessoas vivas e fortes lá durante meses ou anos sem que fiquem doentes. Precisamos ser bons nisso se quisermos viajar para outros mundos.

Para construir a casa do espaço, levamos as peças até o espaço, de barco, empurramos cada pedacinho até pegar bastante velocidade para chegar a casa, e colamos a peça na casa.

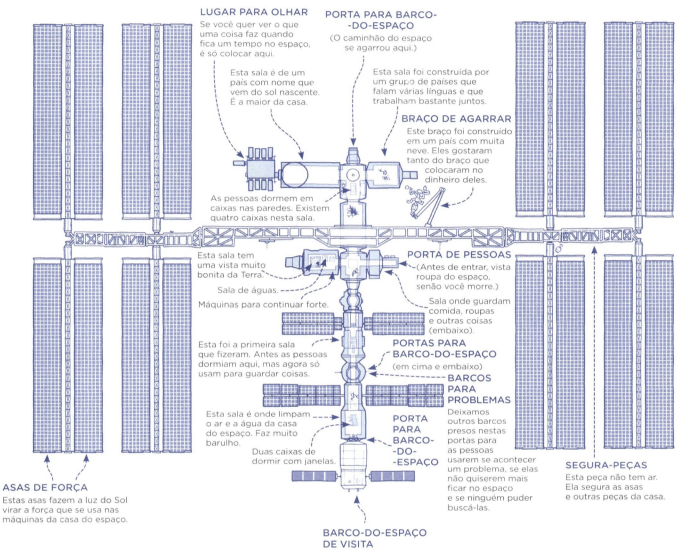

LUGAR PARA OLHAR
Se você quer ver o que uma coisa faz quando fica um tempo no espaço, é só colocar aqui.

PORTA PARA BARCO-DO-ESPAÇO
(O caminhão do espaço se agarrou aqui.)

Esta sala é de um país com nome que vem do sol nascente. É a maior da casa.

Esta sala foi construída por um grupo de países que falam várias línguas e que trabalham bastante juntos.

BRAÇO DE AGARRAR
Este braço foi construído em um país com muita neve. Eles gostaram tanto do braço que colocaram no dinheiro deles.

As pessoas dormem em caixas nas paredes. Existem quatro caixas nesta sala.

Esta sala tem uma vista muito bonita da Terra.

PORTA DE PESSOAS
(Antes de entrar, vista roupa do espaço, senão você morre.)

Sala de águas.

Máquinas para continuar forte.

Sala onde guardam comida, roupas e outras coisas (embaixo).

Esta foi a primeira sala que fizeram. Antes as pessoas dormiam aqui, mas agora só usam para guardar coisas.

PORTAS PARA BARCO-DO-ESPAÇO
(em cima e embaixo)

BARCOS PARA PROBLEMAS
Deixamos outros barcos presos nestas portas para as pessoas usarem se acontecer um problema, se elas não quiserem mais ficar no espaço e se ninguém puder buscá-las.

Esta sala é onde limpam o ar e a água da casa do espaço. Faz muito barulho.

Duas caixas de dormir com janelas.

PORTA PARA BARCO-DO-ESPAÇO

SEGURA-PEÇAS
Esta peça não tem ar. Ela segura as asas e outras peças da casa.

ASAS DE FORÇA
Estas asas fazem a luz do Sol virar a força que se usa nas máquinas da casa do espaço.

BARCO-DO-ESPAÇO DE VISITA

VISITAS
Estes barcos-do-espaço foram voando até a casa do espaço para levar comida, água, peças e pessoas.

PORTA-COISAS GRANDE DE VÁRIOS PAÍSES
Este barco grande foi construído por vários países juntos. Ele foi voando até a casa do espaço quatro vezes. Depois, pararam de usá-lo.

PASSARINHO

BICHO DE FOGO DE MENTIRINHA

Os outros barcos-do-espaço que aparecem aqui — alguns construídos por empresas — eram de países grandes ou de grupos de países. Quem construiu e fez estes dois mais novos voarem foram empresas, e os países pagaram para as empresas levarem coisas até a casa do espaço.

CAMINHÃO DO ESPAÇO
Muitos barcos-do-espaço são construídos para usar uma vez só, mas estes foram para o espaço e voltaram várias vezes. Construímos cinco, e eles ajudaram bastante a fazer a casa do espaço.

Depois de mais uma centena de viagens para o espaço, dois dos caminhões estouraram. Decidimos que os três que sobraram eram muito velhos para usar de novo.

PORTA-PESSOAS
Um barco-do-espaço velho e simples que funciona muito bem. Depois que paramos de usar o caminhão com asas, virou o único barco-do-espaço que podia levar pessoas para a casa do espaço.

PORTA-COISAS GRANDE SEM ASAS
Foi construído por um país com nome que vem do sol nascente.

PORTA-COISAS
Este barco-do-espaço era porta-pessoas, mas mudaram para ele poder voar sozinho. Ele carrega coisas, não pessoas, e só sobe; não sabe descer.

SAQUINHOS DE ÁGUA QUE FORMAM VOCÊ

Tudo que é vivo é feito de saquinhos de água. Tem coisas vivas que são feitas de um único saquinho de água. Geralmente essas coisas são muito pequenas para se ver. Tem coisas que são feitas de um grupo de saquinhos grudados. O seu corpo é um grupo de muitos e muitos saquinhos que trabalham juntos para você ler esta página.

Esses saquinhos são cheios de saquinhos menores. A vida precisa de muitos saquinhos. Tudo que é vivo é feito de vários tipos de água e um saquinho não deixa que as coisas dentro dele toquem as coisas de fora. Com os saquinhos, as coisas vivas podem ter vários tipos de água em um lugar sem que se misturem.

Alguns saquinhos que você vê aqui já foram coisas que tinham vida própria. Muito tempo atrás, saquinhos verdes aprenderam a tirar força do Sol. Aí ficaram dentro de outros saquinhos e viraram flores e árvores. A cor verde das folhas vem dos filhos desses saquinhos verdes.

BICHOS PEQUENOS
São coisas vivas (não são "bichos" de verdade) que ficaram presas nos nossos saquinhos de água muito tempo atrás, como as coisas verdes nas folhas das árvores. As pessoas não vivem mais sem eles. Eles pegam comida e ar no nosso corpo e fazem virar força para nossos saquinhos.

TAMANHO
Os saquinhos quase sempre são pequenos demais para você ver. São quase do tamanho das ondas de luz que usamos para ver:

AZUL
VERDE
VERMELHO

PAREDE DE FORA
Os saquinhos de água que fazem os bichos têm parede mole. Os saquinhos de árvores e flores, que não precisam se mexer tanto quanto nós, têm a parede menos mole.

ENTRAR E SAIR
Tem coisas que entram pela parede do saquinho sozinhas. Tem outras que só entram se o saquinho ajudar: ou ele deixa que passem por uma entrada ou faz uma parte da parede virar um saquinho menor para as coisas ficarem dentro.

COISAS QUE DEIXAM VOCÊ DOENTE
Essas coisinhas podem entrar no saquinho e controlar o que ele faz. Aí elas usam o saquinho para construir mais coisinhas iguais a elas.

Quando esse tipo de coisinha mostrada aqui entra em você, seu corpo fica quente, suas pernas doem e você tem que ficar deitado. Seu corpo inteiro fica mal, e você acha tudo ruim. Você acha que vai morrer, mas geralmente não vai, não.

Dizemos que toda a vida é feita de saquinhos, mas essas coisinhas não são. Elas também não conseguem fazer mais coisinhas sozinhas; precisam de um saquinho. Por isso não sabemos se tem sentido dizer que elas "vivem". São mais como uma ideia que se espalha.

ENCHE-SACO
Esta máquina enche os saquinhos de coisas e depois solta essas coisas na água. Algumas saem do saco maior e vão para outra parte do corpo.

A máquina também enche saquinhos de água ruim, e explica qual é qual para que não se use o saquinho errado no lugar errado.

ESPAÇOS VAZIOS
Esta parte do saquinho tem espaço para guardar coisas que o saquinho pode precisar. Ela também faz umas coisas. Uma dessas coisas é aquilo que deixa seus braços e pernas fortes. Às vezes, quem quer correr rápido põe mais dessa coisa no corpo e depois diz que não pôs.

INFORMAÇÃO
A informação de como fazer partes do corpo fica guardada aqui.

LEITORES
Estas máquinas leem a informação sobre como fazer peças e escrevem em bilhetinhos, depois mandam para fora pelos buracos na parede do espaço de controle.

CONSTRUTOR DE MÁQUINAS
Esta peça faz as maquininhas que ficam fora do espaço de controle.

ESPAÇO DE CONTROLE
Este espaço no meio tem informações sobre como fazer várias partes do seu corpo. Essa informação é escrita em bilhetes e mandada para o saquinho.

Os saquinhos fazem mais saquinhos se quebrando ao meio. Quando isso acontece, o espaço de controle também quebra ao meio e cada metade fica com toda informação que tem no saquinho do início.

Não são todos os saquinhos que têm espaço de controle. Os saquinhos do sangue humano não têm (isso quer dizer que sangue não faz mais sangue), mas os saquinhos do sangue de passarinho têm.

Este espaço de controle já foi uma coisa com vida própria, igual às coisas verdes nas árvores.

BURACOS DO ESPAÇO DE CONTROLE
Os bilhetes e trabalhadores saem por esses buracos.

CAIXAS ESTRANHAS
Tem muitas caixinhas iguais a essas nos nossos saquinhos de água. Não sabemos o que elas fazem.

SAQUINHOS DE ÁGUA RUIM
Estes saquinhos são cheios de um tipo de água que quebra coisas em pedacinhos. Quando se coloca uma coisa dentro deles, a água quebra essa coisa em várias coisinhas.

Se uma coisa dá errado, esses saquinhos rasgam e a água ruim cai para fora. Aí o saco todo fica em pedacinhos e morre.

"O saco todo fica em pedacinhos" parece uma coisa ruim, já que você é feito de saquinhos. Mas, se um saquinho estiver com problemas, ele pode fazer mal para você. A água ruim ajuda a mandar a parte ruim embora para seu corpo fazer um saquinho novo.

FORMA-SAQUINHO
O espaço entre peças do saco é cheio de fiozinhos muito pequenos. São como os ossos do saquinho; eles ajudam a manter sua forma e a fazer algumas outras coisas.

Alguns forma-saquinhos têm buracos no meio e podem levar coisas de uma parte do saquinho para outra.

PEQUENAS CONSTRUTORAS
Este espaço é cheio de maquininhas construtoras que fazem peças novas para o saquinho. As construtoras ficam na saída do espaço de controle, lendo os bilhetes que saem de lá e que dizem o que elas têm que construir.

Depois de as construtoras fazerem uma peça, ela sai para o saquinho. Cada peça tem uma coisa para fazer. Pode ser contar para outra peça que é hora de parar de trabalhar. Pode ser um tipo de peça virar outro. Pode ser fazer uma peça fazer uma coisa diferente do que faz. Ou pode ser que só faça alguma coisa depois de ver *outra* peça fazer uma coisa.

O estranho é que ninguém diz para a peça onde tem que ir. Ela só fica naquele lugar com as outras peças e anda até bater na peça a qual tem que se agarrar. (Ou até ser *agarrada* por outra peça!) Parece estranho. E é mesmo! São muitas peças, uma fica agarrando outra, uma fica segurando a outra, uma ajuda a outra.

O que tem dentro desses saquinhos é mais difícil de entender que quase tudo no mundo.

EDIFÍCIO QUE CRIA FORÇA COM METAL PESADO

Esses edifícios tiram força de um metal pesado e difícil de encontrar.

Alguns metais que esses edifícios usam são encontrados no chão, mas não em qualquer chão. Existem outros metais que podem ser feitos pelas pessoas — mas só com a ajuda de um edifício que cria uma força que já funcione.

Esses metais fazem calor o tempo todo, mesmo quando estão parados. Eles fazem dois tipos de calor: o calor normal — tipo o calor do fogo — e um tipo de calor diferente, especial.

Esse calor especial é parecido com a luz que não se vê. (Bom, que geralmente não se vê. Se tiver muito dessa luz, tanto que pode até matar uma pessoa, você consegue ver. Ela é azul.)

O calor normal pode queimar pessoas, mas o calor especial desses metais pode queimar você de um jeito diferente. Se passar muito tempo perto desse calor, seu corpo começa a crescer errado. Algumas das primeiras pessoas que tentaram entender esses metais morreram assim.

O calor especial é feito quando pedacinhos do metal se dividem. Isso faz sair muito calor, bem mais do que sairia do fogo normal. Mas, no caso de vários tipos de metal, isso acontece de forma bem lenta. Um pedaço de metal da idade da Terra hoje só estaria meio dividido.

Nos últimos cem anos, aprendemos uma coisa muito estranha: Quando alguns desses metais sentem um calor especial, eles se dividem mais rápido.

Se você coloca um pedaço desse metal perto de outro, ele vai fazer calor. Isso vai fazer o outro pedaço se dividir mais rápido e criar mais calor.

Se você botar muito desse metal junto, ele fica cada vez mais quente — e rápido — e tudo pode se dividir ao mesmo tempo, fazendo todo seu calor sair em menos de um segundo. É assim que uma máquina pequena consegue queimar uma cidade inteira.

Para tirar força deles, as pessoas tentam colocar pedacinhos desse metal bem perto um dos outros para fazerem calor rápido, mas não tão perto a ponto de saírem do controle e estourarem. Isso é bem difícil, mas tem tanto calor e força dentro desse metal que algumas pessoas tentam mesmo assim.

FIO DE FORÇA QUE VEM DE FORA
Este edifício cria força, mas para de funcionar se não tiver força de fora.

Isso é muito importante. Porque, se acontecer um problema muito grande, tem como parar tudo desligando a força.

EDIFÍCIO QUE CRIA FORÇA
O metal fica nesse edifício, e é aqui que se cria força. A água entra, o metal é usado para aquecer a água, depois a força é tirada da água quente.

(Tem um desenho maior dele abaixo.)

LADO DO METAL QUENTE

LADO DA FORÇA

EDIFÍCIO DE DEIXAR FRIO
Depois que é usada, a água do mar fica muito quente. Aí colocam a água neste edifício para esfriar um pouquinho e não estar tão quente quando voltar para o mar.

Eles derramam a água no ar e ela começa a cair como chuva. Quando cai, o ar a deixa fria. Isso aquece o ar e o faz subir. O ar frio entra de fora para ficar no seu lugar.

A água usada sai por aqui. A água usada é limpa, mas ainda está quente. Os bichos gostam de ficar perto daqui quando está frio do lado de fora.

CAIXA DOS FIOS DE FORÇA
Às vezes bichos entram aqui, quebram uma coisa, e o edifício inteiro para de funcionar.

CRIANDO FORÇA COM ÁGUA
Este edifício cria força aquecendo água. Isso quer dizer que ele precisa de muita, muita água fria, e é por isso que geralmente constroem edifícios assim perto do mar ou de um rio grande.

A água do mar não pode tocar na água que passa perto do metal quente. O metal só aquece a água que passa pelos fios de metal. Aí o calor desses fios aquece água em outro lugar que passa água, que vai até outra parte do edifício. Aí *essa* água aquece a água do mar.

A água fria é puxada por aqui. Às vezes os peixes ficam presos aqui e eles têm que desligar o edifício que faz força para descobrir o que aconteceu.

PALITOS DE CONTROLE
Esses palitos controlam o calor a que o metal chega. Quando estão para baixo, as pontas ficam entre os pedacinhos de metal e não deixam o calor especial passar.

Às vezes, esses palitos são levantados por uma força de fora. Aí, se a força parar, todos os palitos caem e param o calor.

PAREDE
Para qualquer problema ficar lá dentro.

SALA DO METAL USADO
A água não deixa passar o calor estranho do metal enquanto ele volta a esfriar.

LEVANTA-METAL **LEVANTA-PEÇAS**

SALA DE CONTROLE

BURACO NA PAREDE
O metal entra por aqui.

METAL
(esperando para ser usado)

PAREDE DE DENTRO
METAL QUENTE **ÁGUA QUENTE**

AR QUENTE E MOLHADO

MÁQUINA DE GIRAR
Essas máquinas usam o ar quente e molhado para girar um palito.

MÁQUINA DE FORÇA
Essa máquina usa o palito que gira para criar força.

LEVANTADOR **COMEÇADOR**
Esse mexe-coisas faz o palito começar a girar.

CAIXAS DE FORÇA A MAIS

SALA DE ESPALHAR METAL
Se acontecerem problemas e tudo pegar fogo, o metal especial pode ficar tão quente que começa a se mexer como água. Às vezes, pode ficar tão quente que faz um buraco no chão. Se isso acontecer, essa sala existe para o metal poder cair e se espalhar no chão.

É melhor se o metal puder se espalhar, já que, quando está todo junto, ele fica ainda mais quente. Se esta sala for usada, quer dizer que tudo deu errado, muito errado.

AR MOLHADO MAIS FRIO

CAMINHOS PARA O MAR
Estes vão para um rio ou para o mar.

CARRO-DO-ESPAÇO QUE FOI AO MUNDO VERMELHO

Este é um carro-do-espaço que anda pelo mundo vermelho perto da Terra. Nós, humanos, nunca fomos ao mundo vermelho, mas já mandamos quatro carros e um monte de barcos-do-espaço que voam por lá pegando imagens bem do alto. Este carro é o maior que mandamos até agora — é do tamanho de um carro normal na Terra.

Os carros que nós mandamos para lá estão procurando água. Porque, se existir água, talvez exista vida. Tem só um pouco de água lá, e é tão fria que fica toda escondida no chão em forma de neve. Mas não foi sempre assim!

Quando nossos carros olharam as pedras do mundo vermelho, descobriram uma coisa muito legal: muito tempo atrás, quando o mundo vermelho era novo, lá existiam mares.

Hoje não achamos que exista vida no mundo vermelho. Ainda não encontramos nada, e é um mundo muito frio e seco, com muito pouco ar, por isso a água não consegue durar muito no chão e vira gelo ou ar.

Mas, se antes existiam mares, talvez existissem bichos. Na Terra, quando os bichos morrem, às vezes partes dos corpos deles viram uma coisa parecida com pedra. Se tinha bichos no mundo vermelho, talvez nós encontremos as pedras que eles viraram.

Se descobrirmos que existia vida no mundo vermelho, vai ser uma das coisas mais importantes que já descobrimos — porque, se existia vida no mundo vermelho, quer dizer que provavelmente existe vida em muitos lugares.

Hoje nós sabemos que a maioria das estrelas no céu tem mundos em volta, mas não sabemos se existe vida nesses mundos. Sabemos que existe vida no nosso, mas isso não nos diz se a vida é uma coisa normal ou não. Talvez a vida seja uma coisa bem estranha, que só começou uma vez, e nenhum dos outros mundos tenha alguém para ficar pensando nessas perguntas.

Mas, se descobrirmos que a vida começou no mundo vermelho também, quer dizer que a vida provavelmente começa em mundos novos o tempo todo, e talvez também tenha começado em volta de muitas dessas outras estrelas.

Se nosso carro-do-espaço encontrar sinais de vida nas pedras do mundo vermelho, quer dizer que não estamos sozinhos.

LEVANDO O CARRO-DO-ESPAÇO ATÉ O CHÃO
Como o carro era muito pesado, foi difícil fazer com que diminuísse a velocidade para descer sem quebrar. Podíamos pendurar um lençol grande atrás, mas ele é tão pesado — e lá tem tão pouco ar — que o lençol não ia conseguir diminuir a velocidade da descida.

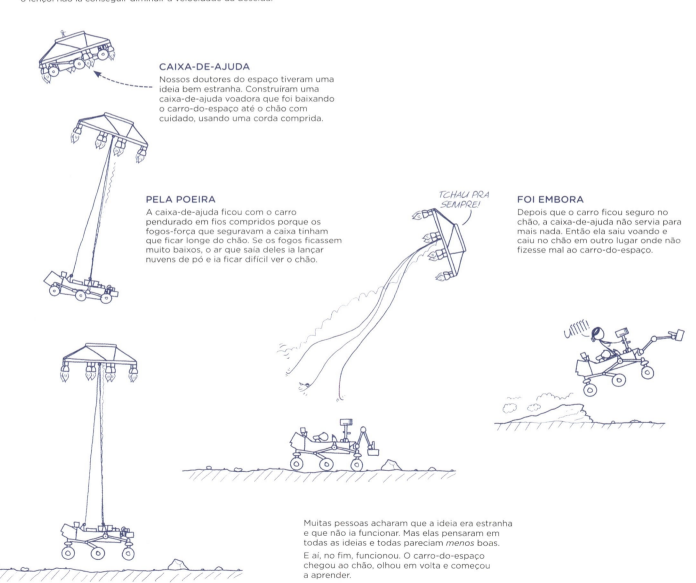

CAIXA-DE-AJUDA
Nossos doutores do espaço tiveram uma ideia bem estranha. Construíram uma caixa-de-ajuda voadora que foi baixando o carro-do-espaço até o chão com cuidado, usando uma corda comprida.

PELA POEIRA
A caixa-de-ajuda ficou com o carro pendurado em fios compridos porque os fogos-força que seguravam a caixa tinham que ficar longe do chão. Se os fogos ficassem muito baixos, o ar que saía deles ia lançar nuvens de pó e ia ficar difícil ver o chão.

FOI EMBORA
Depois que o carro ficou seguro no chão, a caixa-de-ajuda não servia para mais nada. Então ela saiu voando e caiu no chão em outro lugar onde não fizesse mal ao carro-do-espaço.

TCHAU PRA SEMPRE!

Muitas pessoas acharam que a ideia era estranha e que não ia funcionar. Mas elas pensaram em todas as ideias e todas pareciam *menos* boas.

E aí, no fim, funcionou. O carro-do-espaço chegou ao chão, olhou em volta e começou a aprender.

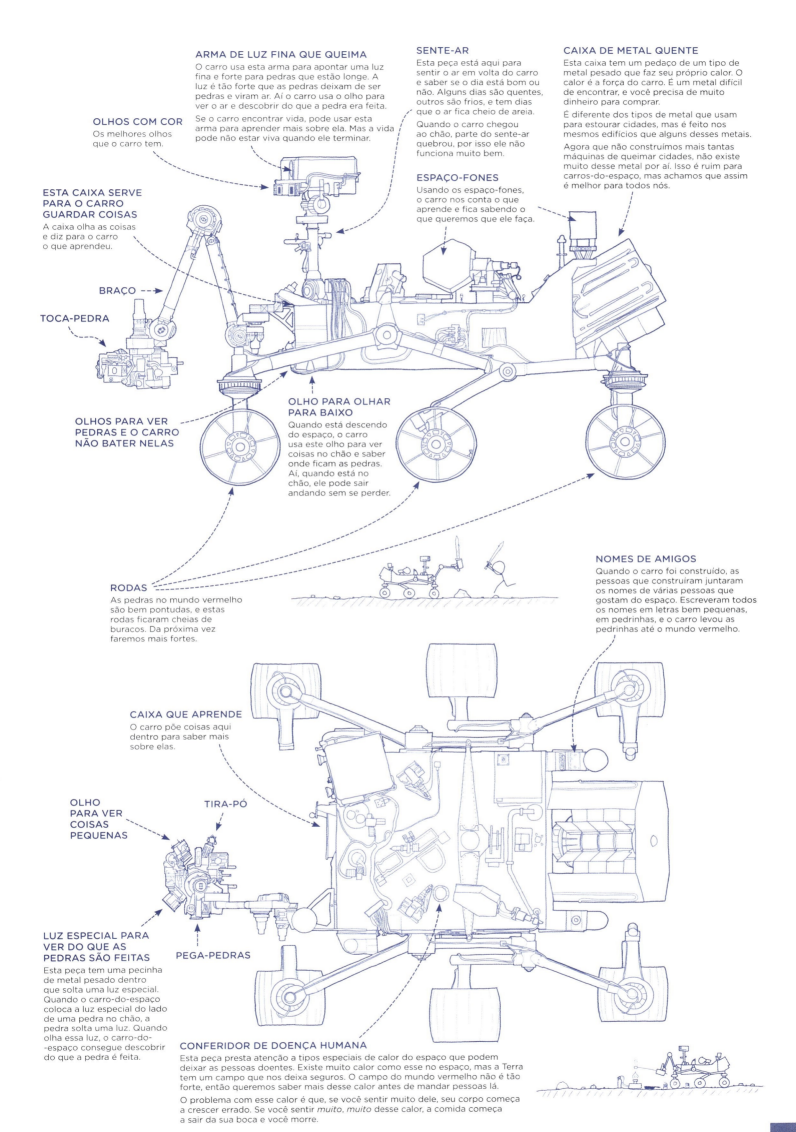

SACOS DE COISAS DENTRO DE VOCÊ

Este é um mapa dos sacos que existem dentro do seu corpo e como eles se juntam.

O desenho não mostra como eles são de verdade nem como ficam dentro do seu corpo.

Assim, eles ficam parecendo aqueles mapas coloridos com o caminho dos trens na cidade — mostram como um lugar se liga ao outro, mas não a forma nem quanto um é longe do outro.

Tem muitas peças importantes do corpo que não aparecem neste mapa. Mas tudo bem; o corpo tem tantas peças que não daria para mostrar em mapa *nenhum*.

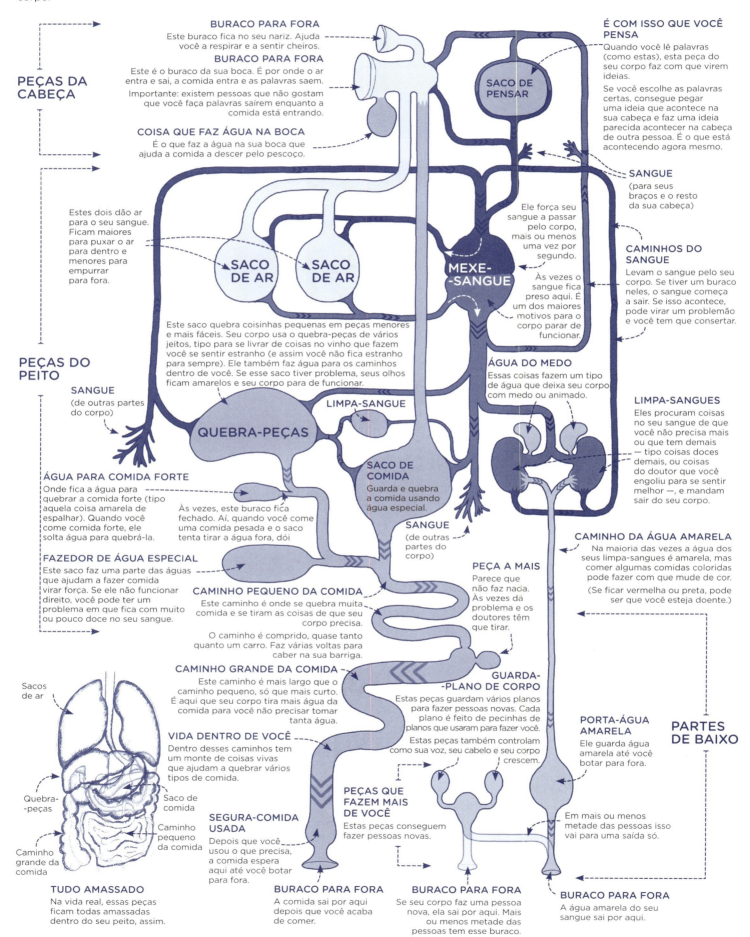

PEÇAS DA CABEÇA

BURACO PARA FORA
Este buraco fica no seu nariz. Ajuda você a respirar e a sentir cheiros.

BURACO PARA FORA
Este é o buraco da sua boca. É por onde o ar entra e sai, a comida entra e as palavras saem.
Importante: existem pessoas que não gostam que você faça palavras saírem enquanto a comida está entrando.

COISA QUE FAZ ÁGUA NA BOCA
É o que faz a água na sua boca que ajuda a comida a descer pelo pescoço.

Estes dois dão ar para o seu sangue. Ficam maiores para puxar o ar para dentro e menores para empurrar para fora.

SACO DE AR

SACO DE AR

É COM ISSO QUE VOCÊ PENSA
Quando você lê palavras (como estas), esta peça do seu corpo faz com que virem ideias.
Se você escolhe as palavras certas, consegue pegar uma ideia que acontece na sua cabeça e faz uma ideia parecida acontecer na cabeça de outra pessoa. É o que está acontecendo agora mesmo.

SACO DE PENSAR

SANGUE
(para seus braços e o resto da sua cabeça)

Ele força seu sangue a passar pelo corpo, mais ou menos uma vez por segundo.

Às vezes o sangue fica preso aqui. É um dos maiores motivos para o corpo parar de funcionar.

MEXE-SANGUE

CAMINHOS DO SANGUE
Levam o sangue pelo seu corpo. Se tiver um buraco neles, o sangue começa a sair. Se isso acontece, pode virar um problemão e você tem que consertar.

PEÇAS DO PEITO

SANGUE
(de outras partes do corpo)

Este saco quebra coisinhas pequenas em peças menores e mais fáceis. Seu corpo usa o quebra-peças de vários jeitos, tipo para se livrar de coisas no vinho que fazem você se sentir estranho (e assim você não fica estranho para sempre). Ele também faz água para os caminhos dentro de você. Se esse saco tiver problema, seus olhos ficam amarelos e seu corpo para de funcionar.

LIMPA-SANGUE

QUEBRA-PEÇAS

ÁGUA DO MEDO
Essas coisas fazem um tipo de água que deixa seu corpo com medo ou animado.

LIMPA-SANGUES
Eles procuram coisas no seu sangue de que você não precisa mais ou que tem demais — tipo coisas doces demais, ou coisas do doutor que você engoliu para se sentir melhor —, e mandam sair do seu corpo.

ÁGUA PARA COMIDA FORTE
Onde fica a água para quebrar a comida forte (tipo aquela coisa amarela de espalhar). Quando você come comida forte, ele solta água para quebrá-la.

Às vezes, este buraco fica fechado. Aí, quando você come uma comida pesada e o saco tenta tirar a água fora, dói.

SACO DE COMIDA
Guarda e quebra a comida usando água especial.

FAZEDOR DE ÁGUA ESPECIAL
Este saco faz uma parte das águas que ajudam a fazer comida virar força. Se ele não funcionar direito, você pode ter um problema em que fica com muito ou pouco doce no seu sangue.

CAMINHO PEQUENO DA COMIDA
Este caminho é onde se quebra muita comida e se tiram as coisas de que seu corpo precisa.
O caminho é comprido, quase tanto quanto um carro. Faz várias voltas para caber na sua barriga.

SANGUE
(de outras partes do corpo)

PEÇA A MAIS
Parece que não faz nada. Às vezes dá problema e os doutores têm que tirar.

CAMINHO DA ÁGUA AMARELA
Na maioria das vezes a água dos seus limpa-sangues é amarela, mas comer algumas comidas coloridas pode fazer com que mude de cor.
(Se ficar vermelha ou preta, pode ser que você esteja doente.)

CAMINHO GRANDE DA COMIDA
Este caminho é mais largo que o caminho pequeno, só que mais curto. É aqui que seu corpo tira mais água da comida para você não precisar tomar tanta água.

Sacos de ar

Quebra-peças

Saco de comida

Caminho pequeno da comida

Caminho grande da comida

VIDA DENTRO DE VOCÊ
Dentro desses caminhos tem um monte de coisas vivas que ajudam a quebrar vários tipos de comida.

GUARDA-PLANO DE CORPO
Estas peças guardam vários planos para fazer pessoas novas. Cada plano é feito de pecinhas de planos que usaram para fazer você.
Estas peças também controlam como sua voz, seu cabelo e seu corpo crescem.

PORTA-ÁGUA AMARELA
Ele guarda água amarela até você botar para fora.

PARTES DE BAIXO

PEÇAS QUE FAZEM MAIS DE VOCÊ
Estas peças conseguem fazer pessoas novas.

SEGURA-COMIDA USADA
Depois que você usou o que precisa, a comida espera aqui até você botar para fora.

Em mais ou menos metade das pessoas isso vai para uma saída só.

TUDO AMASSADO
Na vida real, essas peças ficam todas amassadas dentro do seu peito, assim.

BURACO PARA FORA
A comida sai por aqui depois que você acaba de comer.

BURACO PARA FORA
Se seu corpo faz uma pessoa nova, ela sai por aqui. Mais ou menos metade das pessoas tem esse buraco.

BURACO PARA FORA
A água amarela do seu sangue sai por aqui.

CAIXA QUE DEIXA A ROUPA COM CHEIRO BOM

Roupas ficam sujas bem rápido. Pedacinhos de pó e sujeira grudam nelas, e elas pegam a coisa clara que sai da sua pele. Se as roupas ficam muito tempo molhadas, coisas podem crescer e aí elas ficam com cheiro ruim.

Esta caixa tem duas máquinas que limpam roupas. A de baixo limpa com água e a de cima seca.

SECADORA

PEGA-POEIRA
Quando o ar sopra na roupa, leva pedacinhos de poeira e pedacinhos da roupa. Esta coisa prende a poeira para ela não ir para outro lugar da casa.

Quando o pega-poeira fica cheio, você tem que limpar. Se ele ficar cheio de poeira, o ar não passa e aí a máquina não consegue secar — e a poeira queima fácil, então pode pegar fogo na sua casa.

Não sei por que, mas tem pessoas que gostam muito de tirar as folhas de poeira do pega-poeira.

AQUECEDOR
Funciona igual ao secador de cabelo. A força passa por fios de metal. Aí o metal fica quente pelo mesmo motivo que a luz fica quente. Depois o ar sopra o metal.

BURACO PARA FORA
Leva o ar quente para fora da casa.

Em dias frios, você passa por esses buracos quando a máquina está funcionando e é bom sentir aquele ar no rosto com cheiro de roupa limpa.

Ar quente saindo
Fio que gira a caixa de roupas
PORTA
Ar quente entrando
SOPRADOR
Rodas em que a caixa de roupas fica para poder girar.

POR QUE LIMPAR É DIFÍCIL
Dá para lavar alguns tipos de sujeira com água. A sujeira gruda na água e a água leva embora. Mas tem outras coisas que deixam as roupas sujas, como as que seu corpo faz e que não grudam na água.

Para tirar as coisas que não grudam na água, usamos coisas de limpar especiais. Quando você bota essas coisas nas roupas, elas grudam nas coisas que deixam as roupas sujas e *também* grudam na água em volta. Aí, quando você sacode tudo, a água faz a sujeira sair.

Roupas — Sujeira — Água — Coisa de limpar

CONTROLES
Você usa os controles para decidir quanto quer que suas roupas fiquem limpas e quanto cuidado quer que a máquina tenha com elas.

LAVAR — Calor da água / Quanto sacudir
SECAR — Calor do ar / Duração

A água quente limpa melhor, mas pode apagar cores.

Sacudir muito limpa melhor, mas pode rasgar as roupas.

O ar quente seca melhor, mas faz mal às roupas.

Mais tempo seca melhor, mas faz mal às roupas.

GIRADOR COM FORÇA
Faz girar o lugar onde a roupa fica. Aí a roupa vira para o outro lado. Se não girasse, só a parte de cima da roupa ficaria seca. Também liga o soprador, que faz o ar ir para dentro da caixa de ar quente.

GIRANDO MUITO RÁPIDO
É difícil tirar água das roupas. Por isso, o copo gira bem rápido. A beira do copo chega à velocidade dos cavalos mais rápidos.

Isso faz as roupas grudarem no lado do copo e faz a água sair das roupas e entrar em buracos na parede do copo. Aí a água cai no fundo e o mexe-água puxa e joga fora.

SEGURADORES MOLES
Como o copo de roupas gira rápido, é difícil não sacudir, não fazer barulho nem quebrar.

Para deixar o copo mais calmo e não deixar que quebre, ele fica pendurado em seguradores que podem esticar. Eles deixam o copo se mexer um pouco e ficar mais calmo. (Tipo quando alguém telefona e seu telefone sacode; faz mais barulho se estiver numa mesa dura do que numa cama mole.)

Deixar o copo se mexer o deixa mais calmo. Mas, se todas as roupas ficarem de um lado do copo, ele pode se mexer *demais*. Aí a máquina começa a fazer um barulho alto quando sacode. A maioria das máquinas tem como saber quando isso acontece e se desligar; se não fosse assim, podiam sacudir até virar pedacinhos.

LAVADORA

PORTA
Geralmente você coloca aqui as coisas de limpar junto com as roupas. Algumas máquinas têm uma porta menor para isso.

COPO DE ROUPAS
Ele enche de água para limpar as roupas.

MEXE-ROUPAS
Essa coisa gira para um lado e depois para o outro. Aí as roupas sobem e descem, para ter certeza de que todas ficaram com água e coisa de limpar.

ÁGUA QUE ENTRA

Existem duas camadas no copo. A camada de dentro pode girar e tem buracos para deixar a água passar para a camada de fora, para a coisa que mexe a água poder tirá-la.

ÁGUA QUE SAI

ÁGUA DA CASA
Estes dois canos trazem água quente e fria da parede da sua casa.

FIO DE FORÇA
A lavadora não precisa de muita força para funcionar, mas a secadora precisa.

MEXE-ÁGUA
Esta máquina puxa a água do fundo do copo grande e manda embora, para a sua casa jogar fora a água usada.

TROCA-GIRO
Esta máquina deixa o girador com força virar o copo das roupas rápido — para tirar a água — ou faz o mexe-roupas ficar mais lento, para sacudir as roupas dentro da água.

GIRADOR COM FORÇA
Gira o copo de roupas e o mexe-roupas no meio. Também faz funcionar o mexe-água.

PERAÍ
Por que tem isso na sua casa?

7

A PELE DA TERRA

Estes mapas mostram a pele da Terra. A pele da Terra é especial, até onde sabemos. É o único lugar em que encontramos mares de água e o único lugar onde as terras são feitas de folhas de pedra que se mexem. Tem muita coisa interessante. Estes mapas mostram onde ficam algumas.

A Terra é uma bola redonda. Para sua pele caber numa página, ela tem que ser esticada. Aí a forma e o tamanho dos espaços mudam. Neste mapa, os lugares em cima e embaixo ficam bem maiores do que de verdade são, e alguns lugares perto dos lados ficam esticados.

Não tem como resolver esse problema. Todo mapa de papel de um mundo redondo está errado no tamanho, formato ou na direção de um lugar para outro. O formato escolhido para este mapa tenta levar tudo isso em conta, sem esticar partes nem deixar espaços parecendo muito errados.

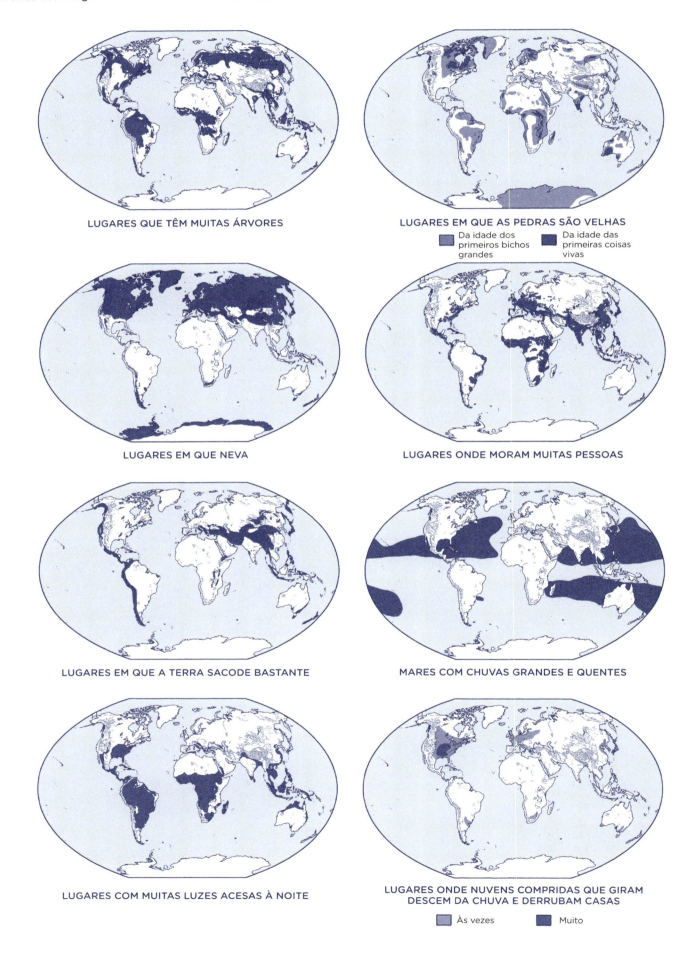

LUGARES QUE TÊM MUITAS ÁRVORES

LUGARES EM QUE AS PEDRAS SÃO VELHAS
- Da idade dos primeiros bichos grandes
- Da idade das primeiras coisas vivas

LUGARES EM QUE NEVA

LUGARES ONDE MORAM MUITAS PESSOAS

LUGARES EM QUE A TERRA SACODE BASTANTE

MARES COM CHUVAS GRANDES E QUENTES

LUGARES COM MUITAS LUZES ACESAS À NOITE

LUGARES ONDE NUVENS COMPRIDAS QUE GIRAM DESCEM DA CHUVA E DERRUBAM CASAS
- Às vezes
- Muito

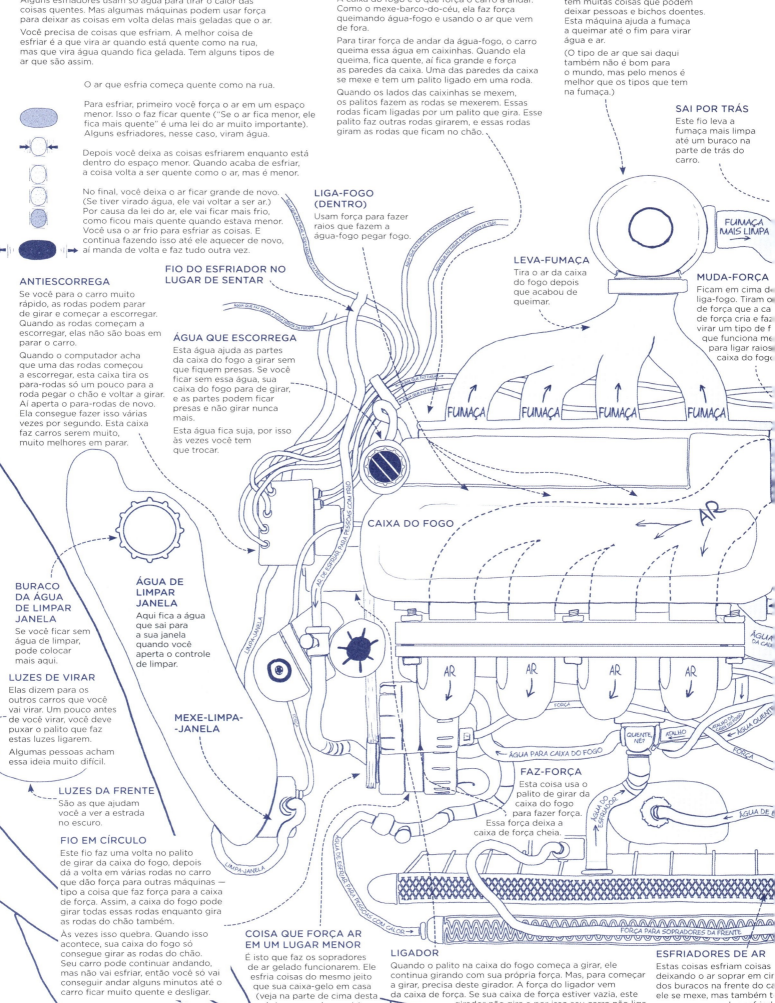

COMO FUNCIONA O ESFRIADOR

Alguns esfriadores usam só água para tirar o calor das coisas quentes. Mas algumas máquinas podem usar força para deixar as coisas em volta delas mais geladas que o ar.

Você precisa de coisas que esfriam. A melhor coisa de esfriar é a que vira ar quando está quente como na rua, mas que vira água quando fica gelada. Tem alguns tipos de ar que são assim.

O ar que esfria começa quente como na rua.

Para esfriar, primeiro você força o ar em um espaço menor. Isso o faz ficar quente ("Se o ar fica menor, ele fica mais quente" é uma lei do ar muito importante). Alguns esfriadores, nesse caso, viram água.

Depois você deixa as coisas esfriarem enquanto está dentro do espaço menor. Quando acaba de esfriar, a coisa volta a ser quente como o ar, mas é menor.

No final, você deixa o ar ficar grande de novo. (Se tiver virado água, ele vai voltar a ser ar.) Por causa da lei do ar, ele vai ficar mais frio, como ficou mais quente quando estava menor. Você usa o ar frio para esfriar as coisas. E continua fazendo isso até ele aquecer de novo, aí manda de volta e faz tudo outra vez.

ANTIESCORREGA

Se você para o carro muito rápido, as rodas podem parar de girar e começar a escorregar. Quando as rodas começam a escorregar, elas não são boas em parar o carro.

Quando o computador acha que uma das rodas começou a escorregar, esta caixa tira os para-rodas só um pouco para a roda pegar o chão e voltar a girar. Aí aperta o para-rodas de novo. Ela consegue fazer isso várias vezes por segundo. Esta caixa faz carros serem muito, muito melhores em parar.

FIO DO ESFRIADOR NO LUGAR DE SENTAR

ÁGUA QUE ESCORREGA

Esta água ajuda as partes da caixa do fogo a girar sem que fiquem presas. Se você ficar sem essa água, sua caixa do fogo para de girar, e as partes podem ficar presas e não girar nunca mais.

Esta água fica suja, por isso às vezes você tem que trocar.

BURACO DA ÁGUA DE LIMPAR JANELA

Se você ficar sem água de limpar, pode colocar mais aqui.

ÁGUA DE LIMPAR JANELA

Aqui fica a água que sai para a sua janela quando você aperta o controle de limpar.

LUZES DE VIRAR

Elas dizem para os outros carros que você vai virar. Um pouco antes de você virar, você deve puxar o palito que faz estas luzes ligarem.

Algumas pessoas acham essa ideia muito difícil.

MEXE-LIMPA--JANELA

LUZES DA FRENTE

São as que ajudam você a ver a estrada no escuro.

FIO EM CÍRCULO

Este fio faz uma volta no palito de girar da caixa do fogo, depois dá a volta em várias rodas no carro que dão força para outras máquinas — tipo a coisa que faz força para a caixa de força. Assim, a caixa do fogo pode girar todas essas rodas enquanto gira as rodas do chão também.

Às vezes isso quebra. Quando isso acontece, sua caixa do fogo só consegue girar as rodas do chão. Seu carro pode continuar andando, mas não vai esfriar, então você vai conseguir andar alguns minutos até o carro ficar muito quente e desligar.

CAIXA DO FOGO

A caixa do fogo é o que força o carro a andar. Como o mexe-barco-do-céu, ela faz força queimando água-fogo e usando o ar que vem de fora.

Para tirar força de andar da água-fogo, o carro queima essa água em caixinhas. Quando ela queima, fica quente, aí fica grande e força as paredes da caixa. Uma das paredes da caixa se mexe e tem um palito ligado em uma roda.

Quando os lados das caixinhas se mexem, os palitos fazem as rodas se mexerem. Essas rodas ficam ligadas por um palito que gira. Esse palito faz outras rodas girarem, e essas rodas giram as rodas que ficam no chão.

LIGA-FOGO (DENTRO)

Usam força para fazer raios que fazem a água-fogo pegar fogo.

LEVA-FUMAÇA

Tira o ar da caixa do fogo depois que acabou de queimar.

COISA QUE FORÇA AR EM UM LUGAR MENOR

É isto que faz os sopradores de ar gelado funcionarem. Ele esfria coisas do mesmo jeito que sua caixa-gelo em casa (veja na parte de cima desta página para saber mais).

LIGADOR

Quando o palito na caixa do fogo começa a girar, ele continua girando com sua própria força. Mas, para começar a girar, precisa deste girador. A força do ligador vem da caixa de força. Se sua caixa de força estiver vazia, este girador não gira e por isso seu carro não liga.

FAZ-FORÇA

Esta coisa usa o palito de girar da caixa do fogo para fazer força. Essa força deixa a caixa de força cheia.

QUEIMA-FUMAÇA

Quando carros queimam água-fogo, a fumaça que solta tem muitas coisas que podem deixar pessoas e bichos doentes. Esta máquina ajuda a fumaça a queimar até o fim para virar água e ar.

(O tipo de ar que sai daqui também não é bom para o mundo, mas pelo menos é melhor que os tipos que tem na fumaça.)

SAI POR TRÁS

Este fio leva a fumaça mais limpa até um buraco na parte de trás do carro.

MUDA-FORÇA

Ficam em cima do liga-fogo. Tiram o de força que a ca de força cria e faz virar um tipo de f que funciona me para ligar raios caixa do fogo

ESFRIADORES DE AR

Estas coisas esfriam coisas deixando o ar soprar em ci dos buracos na frente do ca ele se mexe, mas também t que puxam ar pelos esfriad não andar muito rápido.

BURACO MAIS FUNDO
Pessoas fizeram um buraco fundo aqui para saber mais sobre a parte de dentro do mundo. Pararam depois de um tempo porque a parte de dentro do mundo acabou ficando muito quente. O buraco continua aqui, mas colocaram uma coisa em cima.

GRANDE MÁQUINA DE GUERRA
Pessoas montaram uma máquina de queimar cidades aqui para ver se ia funcionar. Foi o maior fogo que os seres humanos já fizeram.

PEDRA DO ESPAÇO
Uma pedra do espaço estourou no céu em cima deste lugar uma centena de anos atrás e derrubou uma floresta.

PEDRAS QUENTES E A GRANDE MORTE
Antes dos tempos dos grandes passarinhos, pedras quentes subiram do chão aqui e cobriram a terra. Teve fogo e fumaça em todo o mundo. As pedras esfriaram em uma grande folha por cima da terra e boa parte dela continua aqui.

Ao mesmo tempo que as pedras quentes cobriram a terra, quase toda a vida morreu. Pessoas que aprendem sobre o antes chamam isso de Grande Morte; mais tipos de vida da Terra deixaram de existir nesse tempo do que em qualquer outro.

Muitas pessoas acham que o fogo, as pedras e as nuvens de fumaça foram o que *fizeram* a Grande Morte, mas ainda estamos descobrindo como foi que aconteceu. Faz tanto tempo que muitas das pedras daqueles tempos se perderam ou estão escondidas no fundo do chão.

Esta é a água mais funda que não é mar.

MAIS DAQUELA FLORESTA GRANDE

MAR PERDIDO
Não faz muito tempo que existia um mar aqui, mas as pessoas usaram os rios que faziam esse mar e ele secou.

PEDRA DO ESPAÇO
Uma pedra do espaço estourou no céu aqui em cima. Foi um barulho tão alto que estourou as janelas das pessoas.

CÍRCULO DE FOGO
(Nome de verdade)

PARTE FUNDA
Esta é a parte mais funda do mar. Aqui, da pele do mar até o fundo dá um pouco mais que da pele do mar até o alto da montanha mais alta.

BURACO PARA PASSAR BARCOS

MAR DE AREIA

MAIOR MONTANHA DA TERRA

são quentes e o leva grandes a como montanhas

FLORESTA MOLHADA MENOR
Esta floresta tem tempestades com mais luzes piscando do que qualquer outro lugar.

PEDRAS QUENTES
Nos mesmos tempos em que a pedra do espaço bateu — quando a maior parte da família de passarinhos morreu —, grandes rios de pedra quente e ar que queima saíram do chão aqui.

A maioria das pessoas acha que a pedra do espaço matou os grandes passarinhos, mas tem alguns problemas nessa ideia, e é muito estranha essa coisa de a pedra quente ter acontecido ao mesmo tempo. Ainda estamos entendendo o que aconteceu.

EDIFÍCIO MONTANHA
Esta terra atravessava o mar e está no meio do caminho para as terras maiores ao norte. Isso fez as montanhas mais altas do mundo saírem do chão.

TERRA PERDIDA
Mais de uma centena de anos atrás, pedras quentes que saíram da Terra fizeram uma montanha que saía do mar estourar e mandar grandes ondas de água por toda a terra em volta.

JA
E CAI
cai
de
io
alto
nuito
to.

RCULO
PEDRA
ESPAÇO
i uma pedra
n grande
eu no chão
ndo a Terra
a mais ou
os metade
idade de hoje.

TERRA QUEBRANDO
A terra aqui está se quebrando em duas de forma bem lenta. Um dia este grande espaço de terra vai virar dois.

PEDRA DE FOGO DO COMEÇO
Muito tempo atrás, antes de os seres humanos construírem cidades, um grande espaço de terra estourou aqui, jogando fumaça e pedra que queima pelo mundo. Algumas pessoas acham que isso fez o mundo passar por um inverno comprido e matou a maioria dos seres humanos que viviam naqueles tempos. Não sabemos ao certo quando isso aconteceu, mas pelo menos temos certeza de que *alguns* humanos continuaram vivos.

FLORESTA DE PEDRA
Neste espaço, a chuva comeu as pedras de um jeito estranho, fazendo uma floresta de coisas pontudas que saem do chão e parecem árvores.

BICHOS GRANDES COM BOLSO

MAR EM CÍRCULO COM VENTO

PASSARINHOS DE CASACO

MAR EM CÍRCULO COM VENTO

MUITO FRIO

MUITO FRIO

TERRA SECA
No meio de tanto gelo e neve, aqui tem um espaço entre montanhas onde quase nunca chove nem neva. O ar e o chão aqui são mais secos que qualquer outro lugar no mundo.

MONTANHAS QUE CAEM NO MAR
Aqui fica um espaço de morros e pequenas montanhas. Várias centenas de centenas de anos atrás — muito antes de existirem pessoas aqui —, as grandes folhas de gelo viraram água e o mar subiu. O chão embaixo deste espaço estava se mexendo também. Depois de um tempo, a água começou a cobrir o pé das montanhas.

Quando começou a tapar a terra, o mar encheu os velhos chãos de rio entre os morros e foi fazendo lindos caminhos que se espalham pelo chão que continuam em cima da água.

PONTA DO SUL

FOLHAS DE GELO

Desde antes dos primeiros humanos (mas não tanto tempo assim, pensando na idade da Terra), nosso mundo passa por tempos muito frios e tempos muito quentes. Nos tempos frios, o gelo cresce no chão e os mares caem vários metros.

MAIS QUENTE

O último dos tempos frios acabou faz mais ou menos cem centenas de anos. Anda bastante quente desde que os seres humanos começaram a escrever palavras e construir cidades.

Hoje, como estamos mudando o ar para ficar com mais calor, o mundo começou a ficar *mais* quente. O tempo mais quente que começamos pode ser quente como o tempo mais quente entre os tempos do gelo e hoje, mas vai acontecer no tempo de uma vida de ser humano.

Não sabemos como a Terra vai ficar daqui a uma centena de anos, já que nunca se tentou fazer uma coisa dessas.

BURACOS COM ÁGUA QUE SOBRARAM

Quando as grandes folhas de gelo viraram água, sobraram buracos fundos com água onde os pedacinhos das folhas apertaram o chão. Nas cem centenas de anos seguintes — já que os rios crescem e mudam —, eles vão achar caminho até o mar e sumir.

Quando os mares caíram, esses dois espaços de terra se juntaram e pessoas passaram para lá e para cá.

PONTA DO NORTE

GELO, ÀS VEZES

TERRA DO VERDE

Esta terra é cheia de gelo branco e grosso.

TERRA DO GELO

Aqui tem muito fogo e grama verde.

MONTANHAS QUEBRADAS

Estas montanhas se fizeram em uma única fileira quando estes lugares eram juntos. Aí um novo mar se abriu no meio do fio e as duas metades foram cada uma para um lado.

ONDA GRANDE

A maior onda já vista aconteceu aqui.

FLORESTA GRANDE

Estas florestas — que dão a volta na ponta do norte da Terra em vários lugares — são o maior grupo de florestas da Terra.

RESTOS DE MAR

MAR QUE FIZEMOS SEM QUERER

Mais de uma centena de anos atrás, pessoas abriram caminhos na terra para trazer água de um rio grande e fazer comida. Veio mais água do que esperavam e não conseguiram fazer parar. Depois de mais ou menos um ano, a água fez um mar novo.

BURACO REDONDO COM ÁGUA

Aqui, na floresta, fica um buraco com água feito por uma pedra do espaço.

ÁGUA QUE CAI

Aqui cai água de um rio bem alto e é muito bonito.
(Perto daqui também tem uma casa chamada Água-que-Cai, mas não por causa da água.)

MONTANHAS (ESCONDIDAS)

Estas montanhas marcam o ponto onde o chão do mar está se formando. Elas passam em filas por todos os grandes mares do mundo.

PEDRA DA MORTE DOS PASSARINHOS

A família de bichos da qual os passarinhos fazem parte já foi bem maior, mas a maioria morreu quando uma pedra gigante do espaço bateu aqui.

A pedra deixou uma grande forma redonda escondida no chão. Foi encontrada quando estávamos procurando água-fogo.

FORÇA DE METAL PESADO ANTIGA

Quando a Terra tinha metade da idade de hoje, um monte de metal pesado se juntou em um lugar só para fazê-lo se quebrar e criar calor, como nos nossos edifícios que fazem força.

Como o metal se quebra com o tempo, não sobrou o bastante num lugar só na Terra para acontecer isso hoje. Mas já aconteceu uma vez, pelo menos.

MARES DE AREIA

Estes lugares secos. O vent ondas de arei que se mexer

BURACO PARA PASSAR BARCO

Pessoas fizeram um buraco nesse chão para barcos passarem.

PONTO QUENTE

Aqui, uma pedra quente sobe do fundo e sai pela pele da Terra, criando montanhas de fogo que saem do mar.

Quando o chão em cima do ponto quente se mexe, o fogo continua saindo por outros lugares, formando uma fila de montanhas que mostram como o chão do mar se mexe.

TERRA DOS PASSARINHOS

Uma vez uma pessoa ficou muito conhecida por vir aqui olhar os rostos dos passarinhos, e descobrir como a vida funciona.

LONGE DO MEIO

A terra no alto desta montanha fica mais longe do meio da Terra que qualquer outra terra. Existem outras montanhas que ficam bem acima da pele do mar, mas esta é a mais longe do meio porque a Terra é mais larga do que alta.

AREIA

Aqui fica uma grande montanha de areia soprada pelo vento, que é maior que qualquer outra. Pessoas gostam de subir em pranchas e descer nela porque é legal.

FLORESTA GRANDE E MOLHADA

ÁGUA CAINDO

Aqui cai água de um rio bem alto e é muito bonito.

POEIRA DA FLORESTA

Aqui o vento leva poeira e sujeira pelo mar. A poeira leva coisas de que as árvores precisam e, onde ela cair, vai ajudar a fazer as maiores florestas do mundo crescerem.

ÁG QU

Aqu águ um bem e é bon

TERRA BEM LONGE

Uma vez, um homem tomou uma parte do mundo. Aí o mundo brigou com ele e pegou tudo de volta. Gritaram com ele e o fizeram ficar num pedacinho de terra no mar perto de onde ele morava.

Ele não quis ficar lá. Então voltou de barco e aconteceu tudo de novo. Depois de brigar com ele pela segunda vez, o mundo o mandou morar *nessa* terra bem longe, de onde ele não ia conseguir voltar, e aí deu certo.

CÍ DA DO

Ao be ba qu tin me da

GRANDE MAR

Este mar fica com mais ou menos metade do mundo. Seu nome quer dizer "mar calmo". Tem as maiores e mais fortes tempestades da Terra.

LUGAR MUITO SECO

MAR EM CÍRCULO COM VENTO

BARCOS DE GELO

Aqui ficam grandes folhas de gelo no mar. Às vezes as beiras quebram e são levadas pelo mar como grandes barcos de gelo. (Quando os barcos de gelo batem em barcos normais, geralmente ganham.)

BARCO QUE CAIU DA LUA

Um dos barcos que mandamos para a Lua levava uma máquina que quem mandou queria deixar lá para mandar informações quando voltassem, e essa máquina tirava força de metal pesado.

O barco deles teve um problema e precisou voltar, mas não tinha espaço para trazer a máquina junto. Decidiram deixá-la no barco da Lua vazio, que ia queimar no ar da Terra sem cair no chão. O metal pesado ficava numa caixa que era forte e por isso não ia queimar. Eles não acharam que ia abrir, mas, só para não ter problemas — e ter certeza de que ninguém ia descobrir e roubar o metal pesado —, apontaram o barco da Lua para esta parte bem funda do mar.

Nunca encontraram a caixa, e ninguém descobriu o metal pesado que caiu na água. Por isso, achamos que chegou ao fundo e que nunca vai ser encontrado.

TERRA DE GELO

Na ponta sul do mundo, onde faz muito frio, existe um monte de gelo em cima do chão. O gelo está aqui faz bastante tempo. Como o mundo está ficando mais quente, uma parte desse lugar está virando água. Isso deixa muitas pessoas preocupadas.

MUITO FRIO

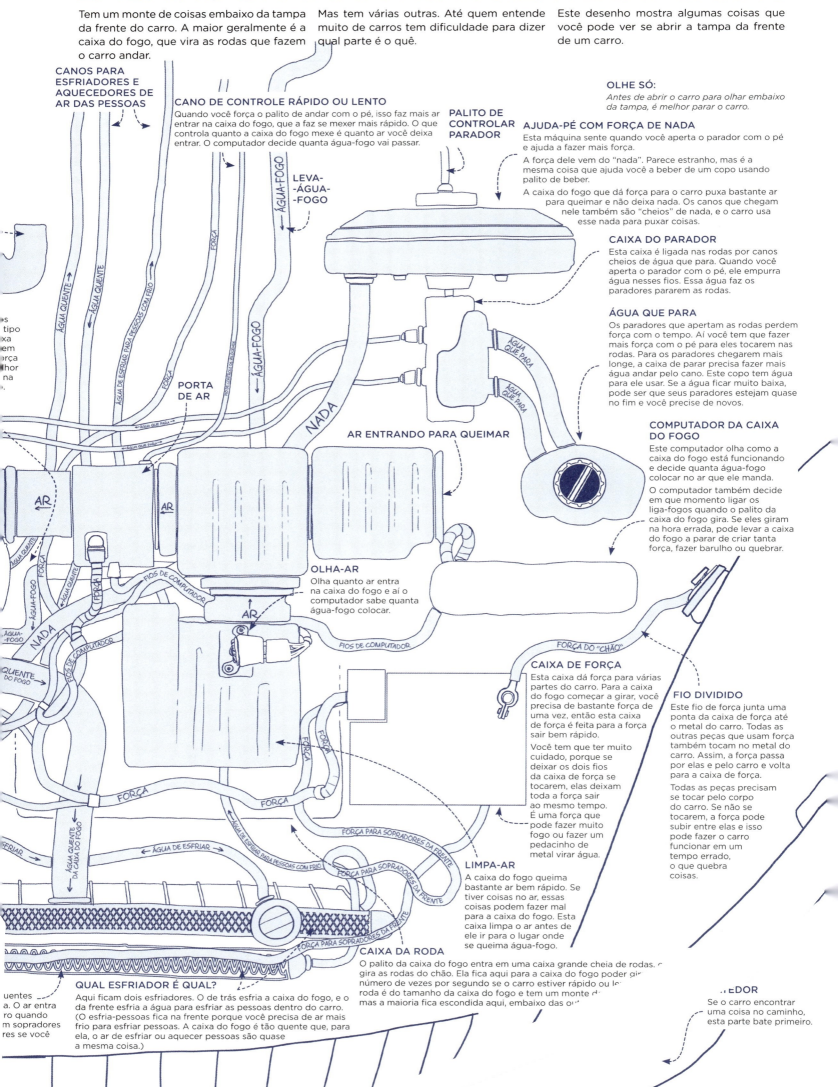

BARCO-DO-CÉU COM ASAS QUE GIRAM

O barco-do-céu normal tem que andar rápido para o ar bater forte nas asas e deixá-lo lá em cima. Se voar muito lento, ele cai. (Às vezes cair os faz ir tão rápido que eles se consertam!)

Este barco funciona como aqueles barcos-do-céu, mas com uma ideia legal: em vez de o barco inteiro ir rápido, só as *asas* vão rápido. O resto do barco pode ir na velocidade que quiser — e até parar no meio do céu.

Se um barco-do-céu normal tivesse asas que fossem mais rápidas que o corpo, as asas iam sair voando. Mas as asas deste barco fazem um círculo. Assim, ficam perto o bastante para o corpo se segurar, mas andam bem rápido para ele voar.

ASAS QUE GIRAM
São parecidas com as asas do barco-do-céu normal, mas dão voltas ao invés de irem para a frente.

ASAS DE APONTAR
Essas asas ajudam a apontar o barco no caminho certo. (O forçador aqui perto também ajuda nessa parte.)

GIRADOR COM FORÇA
É uma máquina de água-fogo que funciona igual ao mexe-barco-do-céu, mas esse barco usa toda a força do girador para girar o palito que segura as asas. Sai ar quente, igual no mexe-barco-do-céu, mas ele não empurra nada para a frente.

TROCA-GIRO
Para funcionar melhor, o girador com força precisa girar muito rápido, mas as asas não podem girar tão rápido. O troca-giro usa rodas com dentes para as asas girarem mais lentas que o girador com força.
Se o barco não tivesse esta caixa, as asas iam girar o mesmo número de vezes por segundo que o girador com força, e as pontas das asas iam ser mais rápidas que o som. Aí elas iam parar de funcionar e talvez quebrar.

SEGURA-BARCO
O barco fica pendurado embaixo das asas, e essa peça de metal faz tudo ficar junto.

CONTROLA-ASAS
É uma máquina que faz pequenas mudanças em como as asas giram quando balançam, que muda a forma como elas empurram o ar. (É meio confuso — embaixo você pode ler mais sobre como funciona.)

AR FRIO ENTRANDO

AR QUENTE SAINDO
(mas que não ajuda a empurrar)

FIOS DE CONTROLE
Usam água para mexer nos controles das asas (ver abaixo).

JANELA

PALITO DE VIRAR
Este palito vira o soprador da ponta.

PALITO DE RÁDIO
Fio que sente ondas de rádio.

SOPRADOR DA PONTA
Quando as asas do barco viram, o barco é forçado para o outro lado. Este soprador da ponta puxa para o lado contrário, e aí o barco não fica girando.

AH, SIM, ELAS GIRAM PRO OUTRO LADO NA METADE SUL DO MUNDO POR CAUSA DO GIRO DA TERRA.
O SEU CÉREBRO CAIU DA CABEÇA?

Tem países em que as asas do barco-do-céu giram para a direita. Na maioria, é para a esquerda.

JANELA DE BAIXO
Quando seu barco pode descer reto, é melhor se você puder *olhar* para baixo.

PÉS DE DESCER
Tem barcos-do-céu que usam esses pés em vez de rodas, já que descem em lugares como grama ou areia, onde rodas ficam presas.

COMO VOAM ESTES BARCOS-DO-CÉU

As asas do barco-do-céu podem dobrar para ir contra o vento ou para usar o vento para levantar. Se elas viram contra o vento, elas não levantam o barco-do-céu.

Para ir para a frente, o barco-do-céu controla as asas de um jeito que a da frente vai contra o vento e a de trás vira para ficar para cima.

 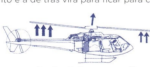

Isso faz o barco-do-céu inclinar para a frente. Antes, as asas ficavam só puxando para cima, mas, depois que ele se inclina um pouco para a frente, elas também puxam um pouco para a frente. Quanto mais ele inclina, mais rápido vai. Se inclinar demais, as asas vão puxar só para a frente — não para cima. Isso dá problema.

ASAS QUE DOBRAM
Às vezes, as asas dos barcos-do-céu se dobram quando eles estão no chão. Pode parecer que isso dá problema, mas é uma coisa normal! Asas que dobram um pouco são mais fáceis de controlar. Quando giram, a força do giro as deixa retas.

PERAÍ, COMO É QUE FUNCIONA?
Você pode estar perguntando como um barco-do-céu consegue dobrar a asa da frente e não a de trás, já que as asas ficam trocando de lugar.

A resposta: pessoas que são muito boas com máquinas inventaram um jeito de criar uma máquina que faz as asas irem para cima e para baixo enquanto giram.

Levanta muito   Não levanta

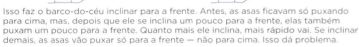

Anéis   Girando
Palitos   Não girando

A ponta de cada asa tem um palito, e esses palitos ficam presos a um anel. Esse anel gira com as asas e o palito de virar, e fica em cima de outro anel que *não* gira.

Para ir para a frente, quem dirige usa um controle para virar o anel de baixo, que vira também o anel que gira de cima, ficando mais alto de um lado. Quando uma asa fica daquele lado, seu palito também puxa sua ponta de trás, aí ela vai contra o vento e não levanta nada. Quando a asa vai para o outro lado, sua ponta de trás vai para baixo e a faz levantar muito.

E SE QUEBRAR TUDO?
Se um barco-do-céu normal para de funcionar, ele pode seguir voando, descendo lento, porque anda cada vez mais lento. E um barco-do-céu com asas que giram consegue fazer a mesma coisa até quando não está voando para a frente!

Embora sejam finas, as asas que giram podem diminuir a queda de um barco quase tanto quanto um lençol grande.

A QUE ALTURA CHEGA UM BARCO-DO-CÉU?

Um barco-do-céu com asa que gira precisa de mais ar para empurrar do que um barco-do-céu normal. Bem no alto, onde os barcos-do-céu normais voam, o ar é fino porque fica mais perto do espaço. São poucos os barcos-do-céu com asas que giram que conseguem chegar ao alto das montanhas mais altas, mas barcos-do-céu normais conseguem voar sobre eles sem problemas.

Barco-do-céu normal

Barco-do-céu com asas que giram

Barco que fica embaixo do mar

Mas um barco-do-céu com asas que giram ainda consegue ficar mais longe do mar do que a maioria dos barcos embaixo da água conseguem ficar afundados.

Quando o mexe-coisas para, ele solta o palito de dobrar para as asas girarem. Se as asas estão na direção certa, o ar que passa por elas vai fazê-las girar mais rápido, e o ar que passa as empurra para cima, fazendo a queda ficar mais lenta.

Pode parecer estranho que girar as asas ajude a empurrar o barco para cima quando não tem *força* fazendo as asas se mexerem. Mas você já viu essa queda com giro acontecer sem saber, porque é o que as árvores usam.

Árvores fazem bebês soltando ovinhos de madeira bem pequenos pelo chão. Para ajudar as árvores a se espalharem mais, existem árvores que botam asinhas nos ovos para eles caírem mais lentos e o vento poder empurrá-los. As asas não são muito grandes, então não conseguem diminuir muito a queda dos ovos — mas eles *giram*. Assim eles caem lentos e voam para mais longe.

Então, não se preocupe se o seu barco-do-céu desligar. Ele ainda consegue voar igual a uma folhinha girando, levando você para o chão vivo e seguro.

AS LEIS QUE VALEM NOS ESTADOS UNIDOS

Os Estados Unidos começaram quando um grupo de pessoas que era de outro país decidiu sair de lá e começar um país seu. Elas escreveram algumas poucas leis para servir de chão para construir o novo país — e as várias leis que ele ia ter depois. Mais de duas centenas de anos depois, estas leis, com algumas mudanças, ainda são seguidas, ensinadas e entendidas de outros jeitos.

ANTES DE COMEÇAR

Oi! Somos as pessoas desses pequenos países chamados "estados" e queremos montar um país. Queremos tudo legal, tranquilo, que ninguém nos faça mal e que nossos filhos fiquem livres. Por isso vamos fazer um país. As leis são estas:

LIVRO UM: Quem-Faz-As-Leis

Parte Um: As leis são feitas por um grupo chamado Quem-Faz-As-Leis. Tem duas salas de Quem-Faz-As-Leis: A Casa e a Sala Séria.

Parte Dois: As pessoas escolhem Quem-Faz-As-Leis da Casa a cada dois anos. Os estados maiores têm mais pessoas na Casa. Ah, e de vez em quando o país precisa contar quantas pessoas tem para saber quantas cadeiras precisa na Casa.

Antes as pessoas pegavam pessoas de países do outro lado do mar, traziam para os Estados Unidos e as faziam trabalhar a vida inteira sem ganhar dinheiro. Existia uma parte da lei dizendo que, quando se contassem pessoas, as que se fazem-trabalhar-sem-dinheiro contavam como parte de outra pessoa. Um tempo depois de escreverem isso, teve uma guerra para decidir se as pessoas no país podiam ser donas de outras pessoas. O lado que dizia "sim" perdeu e cortamos essa parte fora.

Parte Três: Cada estado manda dois Quem-Faz-As-Leis para a Casa Séria, e eles ficam seis anos lá. Não podem ser muito novos.

Parte Quatro: Os estados fazem as leis sobre onde e como as pessoas se juntam para escolher líderes e decidir o que o país vai fazer.

Parte Cinco: Quando os Quem-Faz-As-Leis se juntam, têm que escrever o que falam.

Parte Seis: Os Quem-Faz-As-Leis recebem dinheiro para fazer leis. Eles não podem ter problemas por causa do que dizem no trabalho, mas também não podem fazer outro trabalho para o país quando são Quem-Faz-As-Leis.

Parte Sete: Se os Quem-Faz-As-Leis têm ideia para uma lei nova e mais da metade das pessoas das duas salas diz que gosta, eles mandam a ideia para o líder do país para virar lei. Se o líder não gostar da ideia, os Quem-Faz-As-Leis ainda podem fazer a ideia ser lei, só que mais deles precisam querer essa lei.

Parte Oito: Os Quem-Faz-As-Leis têm direito de tirar dinheiro das pessoas, mas só às vezes, e não podem tirar de uma pessoa só nem nada assim. Eles podem usar o dinheiro para construir algumas coisas, tipo caixas de carta e barcos com armas. Podem criar problemas para as pessoas que fazem algumas coisas, tipo roubar barcos (mesmo que façam isso bem longe) ou criar dinheiro de mentira e dizer para as pessoas que é de verdade.

Parte Depois da Oito: Existem várias coisas que Quem-Faz-As-Leis não pode fazer. Eles não podem fazer leis para prender uma pessoa por uma coisa que ela já faz, nem dar nomes especiais para pessoas querendo dizer que elas são mais importantes que o país que outras.

Esta parte também tinha leis sobre comprar e vender pessoas, que mudamos depois da guerra.

Parte Dez: Existem coisas que o país pode fazer que os estados não podem, tipo criar dinheiro ou começar uma guerra. Os estados também não podem tirar dinheiro de outros estados nem colocar armas em barcos.

LIVRO DOIS: Os líderes

Parte Um: A cada quatro anos, as pessoas do país escolhem quem vai ser o líder. Elas escolhem o Primeiro Líder, que é o chefe do país, e o Segundo Líder, que não é. Se o Primeiro Líder sair ou o mandarem sair, o Segundo Líder fica com o trabalho que o Primeiro Líder fazia. Os estados podem escolher os líderes por um sistema de pontos em que cada estado ganha um ponto para cada Quem-Faz-As-Leis que têm.

Talvez você veja que aqui não diz se o Segundo Líder vira o Primeiro Líder ou não. Isso complicou as coisas depois.

Por mais que as pessoas mexam nesse sistema, é quase certo que nunca vai funcionar direito.

Parte Dois: O líder controla as pessoas que lutam pelo país. O líder também pode falar com líderes de outros países e tirar pessoas de problemas.

Parte Três: De vez em quando, o Primeiro Líder tem que deixar os Quem-Faz-As-Leis saberem como andam as coisas e dar ideias.

Parte Quatro: Os Quem-Faz-As-Leis podem mandar o Primeiro Líder embora, mas só se ele fizer uma coisa muito feia, tipo virar líder de outro país ao mesmo tempo e mandar atacar este país ou roubar o dinheiro do país e ir morar num barco.

LIVRO TRÊS: Quem decide as leis

Parte Um: Existe um grupo de pessoas chamadas Quem-Mais-Decide-As-Leis. Elas ajudam a decidir quais leis não foram seguidas. O país pode ter outros grupos de pessoas que decidem as leis, mas não são tão importantes quanto os Quem-Mais-Decide-As-Leis.

Parte Dois: Os Quem-Mais-Decide-As-Leis só decidem algumas brigas de leis, tipo se os líderes de outro país mandam alguém aqui e eles brigam, ou quando alguém tem uma briga sobre a lei com um estado. No resto do tempo, eles só podem entrar em algumas brigas sobre a lei, e só quando outra pessoa que decide decidiu uma coisa e as pessoas na briga sobre a lei não aceitam.

Parte Três: "Ser contra o país" quer dizer só estas coisas, e só elas mesmo: lutar contra o país, entrar em grupo que luta contra o país ou ajudar grupo que luta contra o país. Para dizer sem dúvida que alguém ficou contra o país, duas pessoas precisam dizer, ou a pessoa tem que admitir em uma sala de decidir. Os Quem-Faz-As-Leis podem decidir que é contra o país ser contra a lei, mas não podem usar isso para fazer o que quiserem com uma pessoa. (Isso tinha sido uma encrenca em outros países.)

LIVRO QUATRO: Os estados

Parte Um: Existem estados e eles têm que se dar bem. Quando os que decidem as leis de um estado decidem uma coisa, os que decidem as leis dos outros estados não precisam ter a mesma decisão, mas também não podem fazer com que a outra opção não conte. Isso quer dizer que: se alguém tem problema em um estado, não pode ir para outro estado e conseguir alguém que decide as leis dizendo que ele não tem problema nenhum.

Parte Dois: Você tem os mesmos direitos no estado em que estiver. E, se você tiver problemas em um estado e fugir para outro, o outro estado tem que mandá-lo de volta para o primeiro.

Parte Três: O país pode ganhar novos estados. O país também pode ter espaços de terra dentro de estados (para serem usados para coisas de que o país precisa), assim como as pessoas.

Parte Quatro: O país promete que quem vai mandar em cada estado são as pessoas de cada estado e que, se alguém atacar um estado — ou se tiverem um problema e pedirem ajuda —, o país inteiro vai lutar por eles.

LIVRO CINCO: Fazer mudanças

As pessoas podem mudar as leis, mas a maior parte dos Quem-Faz-As-Leis e a maior parte dos estados têm que concordar com a mudança. Não pode ser um pouco mais que a metade — tem que ser a *maior parte* deles. Se os estados quiserem fazer uma mudança sem os Quem-Faz-As-Leis, os estados também podem fazer uma grande festa de leis em que cada estado vem e dá ideias de mudanças, e então eles decidem de que leis gostam.

Os estados nunca tentaram fazer uma mudança usando a ideia da "festa da lei" e ninguém sabe direito como ia funcionar se tentassem.

LIVRO SEIS: Pessoas, atenção

Estas leis são importantes e todas as pessoas têm que seguir. E mais: se o país combinar uma coisa com outro país, isso também é importante. Outras leis são importantes, mas menos. Quem trabalha para o país tem que jurar que está do nosso lado (mas não precisa dizer nada sobre Deus).

LIVRO SETE: Já está valendo?

O país só vira país de verdade se mais de oito estados entrarem.

O país fez estas mudanças lá no início, porque existiam pessoas que disseram que não iam concordar se não tivesse essas coisas.

DEZ MUDANÇAS:

Mudança Um: O país não pode fazer leis sobre Deus. Também não pode fazer leis sobre o que as pessoas falam, com quem andam ou o que escrevem, e não pode impedi-las de contar para os líderes se estiverem com raiva de alguma coisa, desde que não façam as pessoas brigarem.

Mudança Dois: Ter pessoas que sabem usar armas direito é importante para o país ser seguro, por isso não se pode proibir que as pessoas tenham armas.

Faz muitos anos que as palavras escolhidas aqui confundem as pessoas. O pior é que, quando ela foi escrita para os outros estados e outros Quem-Faz-As-Leis aceitaram, nem todos as viram com os mesmos sinais entre as palavras.

Mudança Três: Mesmo se uma pessoa está lutando pelo país, você não precisa deixar essa pessoa ficar na sua casa.

Mudança Quatro: A polícia não pode mexer nas suas coisas sem motivo e sem que um dos Quem-Decide-As-Leis deixe.

Mudança Cinco: A polícia não pode fazer o que quiser com você; precisam dizer de forma clara o que você fez de errado. Nunca podem mandar você dizer que não seguiu uma lei.

Mudança Seis: Se você tiver problemas, pode brigar por isso na frente de um grupo de pessoas normais em uma sala de decisão. Se quiser, pode ter alguém que sabe das leis para ajudar. Se alguém diz que você fez uma coisa ruim, você pode falar com essa pessoa cara a cara.

Mudança Sete: Você pode fazer sua briga sobre as leis na frente de um grupo de pessoas normais mesmo se você não estiver com problemas.

Mudança Oito: A polícia não pode ser má porque acha legal, nem com pessoas más.

Mudança Depois da Oito: As pessoas podem fazer coisas de que não se fala aqui.

Mudança Dez: O país só pode fazer as coisas que essas leis deixam. Os estados podem fazer o que quiserem.

Depois ficou mais claro o que estados podem e não podem fazer.

São mudanças feitas nas duas centenas de anos depois.

MAIS MUDANÇAS:

Mudança: As pessoas não podem ter brigas sobre a lei com outros estados — só com os deles.

Mudança: Mudamos as leis para escolher líderes.

O país fez esta mudança porque começou a achar estranho que as pessoas escolhiam líderes novos, mas os velhos ficavam no emprego muitos meses.

Mudança: Tínhamos acabado de fazer uma guerra entre estados para decidir se podemos ou não comprar seres humanos e fazê-los trabalhar. O lado que disse "não" ganhou. Não se pode mais comprar humanos nem fazê-los trabalhar.

Mudança: E mais: agora que a guerra acabou, vamos colocar leis sobre o que os estados podem e não podem fazer com as pessoas.

Mudança: Ah, e as pessoas com qualquer cor da pele podem ajudar a escolher líderes e decidir o que o país vai fazer.

Mudança: O país pode ficar com parte do que você ganha em dinheiro para pagar as coisas de que todo mundo no país precisa.

... mas ainda não está bem claro, mesmo que se tenha tentado deixar claro três ou quatro vezes.

Mudança: As pessoas, não os líderes dos estados, escolhem os Quem-Faz-As-Leis que ficam na Casa Séria.

Mudança: Vamos ficar sem cerveja e sem vinho.

Mudança: Pessoas de qualquer sexo podem ajudar a escolher líderes e decidir o que o país vai fazer.

Mudança: Mudamos os dias em que novos líderes podem tirar o lugar dos velhos, pois agora existem carros e não leva meses para as pessoas irem de um lugar ao outro.

Mudança: Deixem pra lá essa de ficar sem cerveja e sem vinho.

Mudança: Ninguém pode ser Primeiro Líder para sempre.

Mudança: As pessoas na cidade especial onde moram os líderes e os Quem-Faz-As-Leis podem ajudar a escolher líderes e decidir o que o país vai fazer, assim como as pessoas que moram em um estado normal.

Mudança: Não se pode pagar as pessoas para ajudar a decidir coisas.

Mudança: Deixamos mais claro o que acontece quando um líder morre ou vai embora.

Mudança: Pessoas mais novas podem ajudar a escolher líderes.

Mudança: Se os Quem-Faz-As-Leis decidem mudar quanto pagam para eles, só recebem o novo pagamento depois que as pessoas no estado delas tiverem chance de decidir se eles vão embora ou escolher outros.

Alguns estados concordaram com esta mudança, mas depois ela foi esquecida. Depois foi descoberta e outros estados decidiram aceitar. O negócio do pagamento que ela resolve nunca foi um problema grande, mas a ideia parece legal. Então, por que não?

COMO OS ESTADOS UNIDOS FIZERAM AS LEIS VALEREM (Um barco)

Às vezes este barco é chamado de "Velho com Metal dos Lados", porque uma vez alguém tentou fazer um buraco nele, mas não conseguiu.

Este barco foi feito para lutar em guerras mais de duas centenas de anos antes de eu escrever este livro. Embora seja velho, ele ainda faz parte das forças que lutam no país. Isso quer dizer que, se alguém tentar atacar nosso país com barcos, e o líder do país disser: "Mandem todos os nossos barcos para essa briga de barcos", esse também vai.

Claro que isso não vai acontecer, porque esse barco tem mais de duas centenas de anos e não ia ajudar muito numa briga. Ao invés disso, o país fica com ele aqui para as pessoas visitarem, ajudando-as a pensar no passado, e para ensinar para todo mundo como os barcos velhos funcionavam.

Olhe só: Existe um monte de palavrinhas especiais para coisas de barco. Se você chamar essa coisa de "barco", pessoas que entendem muito de barcos vão ficar com raiva de você.

Quando este barco foi construído, colocaram uma mensagem assim na cidade:

Alguém quer ajudar seu país? Nosso líder nos disse para pegar esse barco, que tem várias armas, e deixá-lo pronto para entrar no mar o mais rápido possível.

Tem um lugar que está pronto na frente da placa de passarinho na Rua da Frente e precisamos de quase duas centenas de pessoas para ajudar o país por um ano. Pagamos dez (ou mais, se você for bom) por mês, damos dois meses de uma vez se você quiser. Pessoas doentes: não.

É uma grande chance para pessoas daqui lutarem pelo nosso país e acertarem as contas com quem quer nos fazer mal. Venham no lugar que falamos. Seremos legais!

Nome do líder do barco.

Ah, outra coisa: Alguém das forças de luta vai estar lá procurando lutadores e pessoas que fazem música. Só pessoas altas.

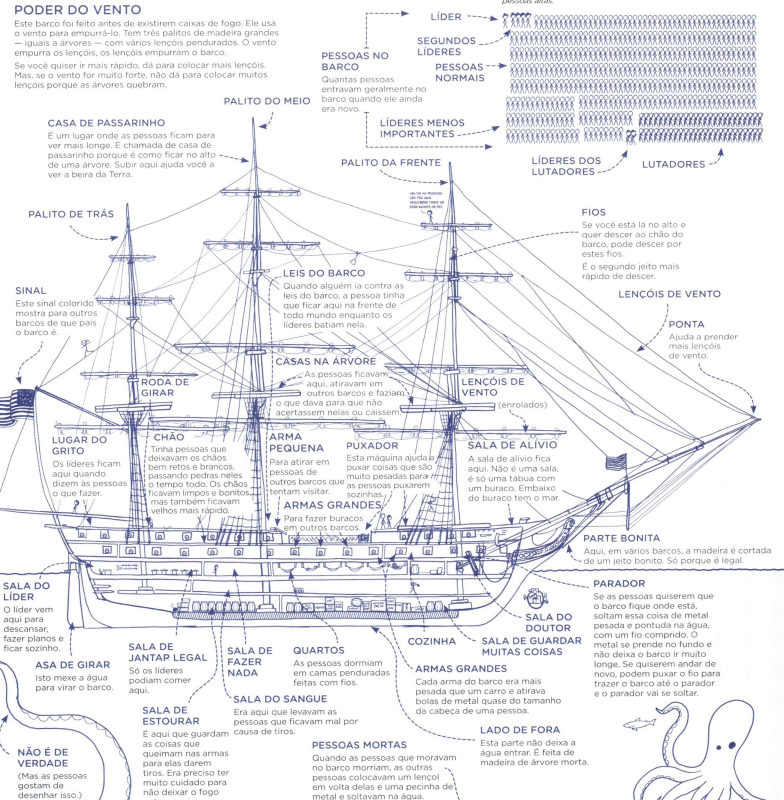

PODER DO VENTO
Este barco foi feito antes de existirem caixas de fogo. Ele usa o vento para empurrá-lo. Tem três palitos de madeira grandes — iguais a árvores — com vários lençóis pendurados. O vento empurra os lençóis, os lençóis empurram o barco.

Se você quiser ir mais rápido, dá para colocar mais lençóis. Mas, se o vento for muito forte, não dá para colocar muitos lençóis porque as árvores quebram.

PESSOAS NO BARCO
Quantas pessoas entravam geralmente no barco quando ele ainda era novo.

LÍDER
SEGUNDOS LÍDERES
PESSOAS NORMAIS
LÍDERES MENOS IMPORTANTES
LÍDERES DOS LUTADORES
LUTADORES

CASA DE PASSARINHO
É um lugar onde as pessoas ficam para ver mais longe. É chamada de casa de passarinho porque é como ficar no alto de uma árvore. Subir aqui ajuda você a ver a beira da Terra.

PALITO DO MEIO

PALITO DE TRÁS

PALITO DA FRENTE

FIOS
Se você está lá no alto e quer descer ao chão do barco, pode descer por estes fios.
É o segundo jeito mais rápido de descer.

SINAL
Este sinal colorido mostra para outros barcos de que país o barco é.

LEIS DO BARCO
Quando alguém ia contra as leis do barco, a pessoa tinha que ficar aqui na frente de todo mundo enquanto os líderes batiam nela.

LENÇÓIS DE VENTO

PONTA
Ajuda a prender mais lençóis de vento.

CASAS NA ÁRVORE
As pessoas ficavam aqui, atiravam em outros barcos e faziam o que dava para que não acertassem nelas ou caíssem.

RODA DE GIRAR

LENÇÓIS DE VENTO
(enrolados)

LUGAR DO GRITO
Os líderes ficam aqui quando dizem às pessoas o que fazer.

CHÃO
Tinha pessoas que deixavam os chãos bem retos e brancos, passando pedras neles o tempo todo. Os chãos ficavam limpos e bonitos, mas também ficavam velhos mais rápido.

ARMA PEQUENA
Para atirar em pessoas de outros barcos que tentam visitar.

PUXADOR
Esta máquina ajuda a puxar coisas que são muito pesadas para as pessoas puxarem sozinhas.

SALA DE ALÍVIO
A sala de alívio fica aqui. Não é uma sala, é só uma tábua com um buraco. Embaixo do buraco tem o mar.

ARMAS GRANDES
Para fazer buracos em outros barcos.

PARTE BONITA
Aqui, em vários barcos, a madeira é cortada de um jeito bonito. Só porque é legal.

SALA DO LÍDER
O líder vem aqui para descansar, fazer planos e ficar sozinho.

PARADOR
Se as pessoas quiserem que o barco fique onde está, soltam essa coisa de metal pesada e pontuda na água, com um fio comprido. O metal se prende no fundo e não deixa o barco ir muito longe. Se quiserem andar de novo, podem puxar o fio para trazer o barco até o parador e o parador vai se soltar.

SALA DO DOUTOR

SALA DE GUARDAR MUITAS COISAS

ASA DE GIRAR
Isto mexe a água para virar o barco.

SALA DE JANTAR LEGAL
Só os líderes podiam comer aqui.

SALA DE FAZER NADA

QUARTOS
As pessoas dormiam em camas penduradas feitas com fios.

COZINHA

ARMAS GRANDES
Cada arma do barco era mais pesada que um carro e atirava bolas de metal quase do tamanho da cabeça de uma pessoa.

SALA DE ESTOURAR
É aqui que guardam as coisas que queimam nas armas para elas darem tiros. Era preciso ter muito cuidado para não deixar o fogo entrar aqui.

SALA DO SANGUE
Era aqui que levavam as pessoas que ficavam mal por causa de tiros.

PESSOAS MORTAS
Quando as pessoas que moravam no barco morriam, as outras pessoas colocavam um lençol em volta delas e uma pecinha de metal e soltavam na água.

LADO DE FORA
Esta parte não deixa a água entrar. É feita de madeira de árvore morta.

NÃO É DE VERDADE
(Mas as pessoas gostam de desenhar isso.)

15

CAIXA DE RÁDIO QUE AQUECE COMIDA

Estas caixas usam ondas de rádio para aquecer comida. Ondas de rádio fazem pedacinhos da água se mexerem mais rápido. Quando os pedacinhos da água se mexem mais rápido, as coisas ficam mais quentes. Se você mandar um monte de ondas de rádio na água, a água aquece.

As caixas de rádio para aquecer comida aquecem a comida fria que você guardou. Aí você pode comprar comida cheia de gelo, guardar por bastante tempo, depois aquecer e tirar o gelo. Estas caixas deixaram muito fácil para as pessoas comerem sem passar muito tempo fazendo comida.

Você também pode usar a caixa de rádio para pegar comida fresca, aquecer e fazer virar outros tipos de comida, como você faz com as outras caixas de aquecer da sua cozinha. Mas às vezes é difícil usar assim, então tenha cuidado, principalmente com comida feita de bichos.

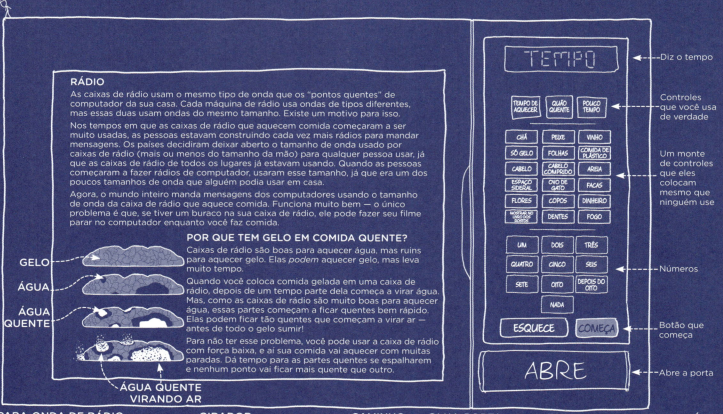

RÁDIO

As caixas de rádio usam o mesmo tipo de onda que os "pontos quentes" de computador da sua casa. Cada máquina de rádio usa ondas de tipos diferentes, mas essas duas usam ondas do mesmo tamanho. Existe um motivo para isso.

Nos tempos em que as caixas de rádio que aquecem comida começaram a ser muito usadas, as pessoas estavam construindo cada vez mais rádios para mandar mensagens. Os países decidiram deixar aberto o tamanho de onda usado por caixas de rádio (mais ou menos do tamanho da mão) para qualquer pessoa usar, já que as caixas de rádio de todos os lugares já estavam usando. Quando as pessoas começaram a fazer rádios de computador, usaram esse tamanho, já que era um dos poucos tamanhos de onda que alguém podia usar em casa.

Agora, o mundo inteiro manda mensagens dos computadores usando o tamanho de onda da caixa de rádio que aquece comida. Funciona muito bem — o único problema é que, se tiver um buraco na sua caixa de rádio, ele pode fazer seu filme parar no computador enquanto você faz comida.

POR QUE TEM GELO EM COMIDA QUENTE?

Caixas de rádio são boas para aquecer água, mas ruins para aquecer gelo. Elas *podem* aquecer gelo, mas leva muito tempo.

Quando você coloca comida gelada em uma caixa de rádio, depois de um tempo parte dela começa a virar água. Mas, como as caixas de rádio são muito boas para aquecer água, essas partes começam a ficar quentes bem rápido. Elas podem ficar tão quentes que começam a virar ar — antes de todo o gelo sumir!

Para não ter esse problema, você pode usar a caixa de rádio com força baixa, e aí sua comida vai aquecer com muitas paradas. Dá tempo para as partes quentes se espalharem e nenhum ponto vai ficar mais quente que outro.

GELO
ÁGUA
ÁGUA QUENTE
ÁGUA QUENTE VIRANDO AR

Diz o tempo — TEMPO

Controles que você usa de verdade — TEMPO DE AQUECER, QUÃO QUENTE, POUCO TEMPO

Um monte de controles que eles colocam mesmo que ninguém use — CHÁ, PEIXE, VINHO, SÓ GELO, FOLHAS, COMIDA DE PLÁSTICO, CABELO, CABELO COMPRIDO, AREIA, ESPAÇO SIDERAL, OVO DE GATO, FACAS, FLORES, COPOS, DINHEIRO, MOSTRA NO LIVRO DOS ROSTOS, DENTES, FOGO

Números — UM, DOIS, TRÊS, QUATRO, CINCO, SEIS, SETE, OITO, DEPOIS DO OITO, NADA

Botão que começa — ESQUECE, COMEÇA

Abre a porta — ABRE

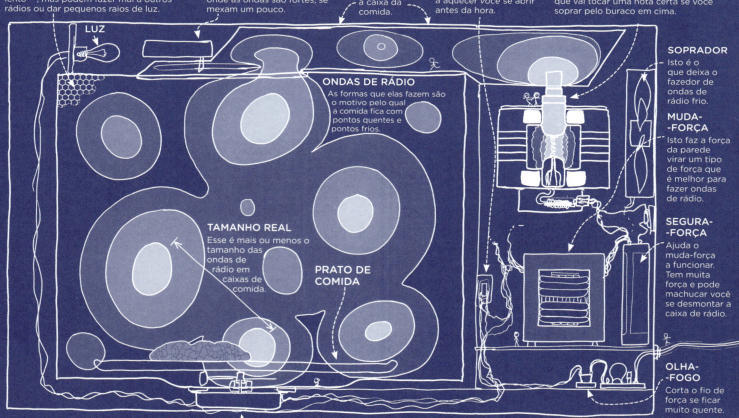

PARA-ONDA DE RÁDIO
Este negócio, que você vai ver se olhar por dentro da porta, não deixa as ondas de rádio saírem. Eles não fazem mal a você — a não ser quando aquecem você bem lento —, mas podem fazer mal a outros rádios ou dar pequenos raios de luz.

GIRADOR
Este girador tem um palito de metal que muda a forma das ondas de rádio para que os pontos quentes, que são lugares onde as ondas são fortes, se mexam um pouco.

CAMINHO DO RÁDIO
Este caminho leva as ondas de rádio para a caixa da comida.

OLHA-PORTA
Desliga a força que vai para o fazedor de ondas de rádio se a porta abrir. Aí a caixa não começa a aquecer *você* se abrir antes da hora.

FAZEDOR DE ONDAS DE RÁDIO
Faz ondas de rádio deixando a força voar pelos espaços dentro dele. Faz crescer uma onda de rádio de um tamanho certo, tipo uma garrafa vazia que vai tocar uma nota certa se você soprar pelo buraco em cima.

LUZ

ONDAS DE RÁDIO
As formas que elas fazem são o motivo pelo qual a comida fica com pontos quentes e pontos frios.

TAMANHO REAL
Esse é mais ou menos o tamanho das ondas de rádio em caixas de comida.

PRATO DE COMIDA

SOPRADOR
Isto é o que deixa o fazedor de ondas de rádio frio.

MUDA-FORÇA
Isto faz a força da parede virar um tipo de força que é melhor para fazer ondas de rádio.

SEGURA-FORÇA
Ajuda o muda-força a funcionar. Tem muita força e pode machucar você se desmontar a caixa de rádio.

OLHA-FOGO
Corta o fio de força se ficar muito quente.

Este girador roda o prato para dar a cada pedacinho da comida um tempo nos espaços quentes.

CONFERE-FORMA

Esta máquina confere se você tem um pedaço de metal com a forma certa. Se tiver, ela se solta da coisa em que estiver presa. As pessoas colocam estas máquinas em caixas, portas e carros para tentar controlar quem pode abrir e usar essas coisas.

O interessante destas máquinas não é a máquina. Existem vários tipos que funcionam de vários jeitos, mas são todas iguais em um sentido: elas tentam colocar pessoas em grupos.

Por conferir se alguém tem uma pecinha de metal que é da forma certa, esta máquina é um jeito de tentar dizer se a pessoa é quem diz que é. É uma ideia — que tem a ver com quais pessoas podem fazer quais coisas — que ganha vida no metal.

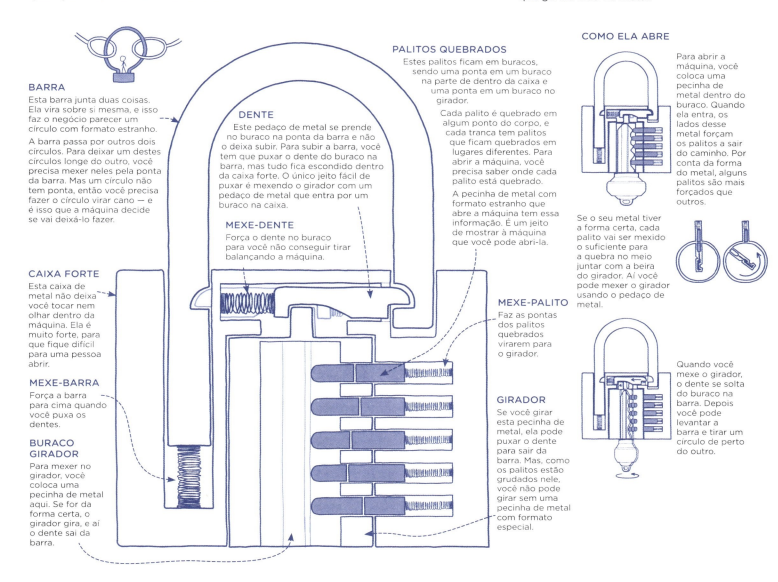

BARRA
Esta barra junta duas coisas. Ela vira sobre si mesma, e isso faz o negócio parecer um círculo com formato estranho.

A barra passa por outros dois círculos. Para deixar um destes círculos longe do outro, você precisa mexer neles pela ponta da barra. Mas um círculo não tem ponta, então você precisa fazer o círculo virar cano — e é isso que a máquina decide se vai deixá-lo fazer.

CAIXA FORTE
Esta caixa de metal não deixa você tocar nem olhar dentro da máquina. Ela é muito forte, para que fique difícil para uma pessoa abrir.

MEXE-BARRA
Força a barra para cima quando você puxa os dentes.

BURACO GIRADOR
Para mexer no girador, você coloca uma pecinha de metal aqui. Se for da forma certa, o girador gira, e aí o dente sai da barra.

DENTE
Este pedaço de metal se prende no buraco na ponta da barra e não o deixa subir. Para subir a barra, você tem que puxar o dente do buraco na barra, mas tudo fica escondido dentro da caixa forte. O único jeito fácil de puxar é mexendo o girador com um pedaço de metal que entra por um buraco na caixa.

MEXE-DENTE
Força o dente no buraco para você não conseguir tirar balançando a máquina.

PALITOS QUEBRADOS
Estes palitos ficam em buracos, sendo uma ponta em um buraco na parte de dentro da caixa e uma ponta em um buraco no girador.

Cada palito é quebrado em algum ponto do corpo, e cada tranca tem palitos que ficam quebrados em lugares diferentes. Para abrir a máquina, você precisa saber onde cada palito está quebrado.

A pecinha de metal com formato estranho que abre a máquina tem essa informação. É um jeito de mostrar à máquina que você pode abri-la.

MEXE-PALITO
Faz as pontas dos palitos quebrados virarem para o girador.

GIRADOR
Se você girar esta pecinha de metal, ela pode puxar o dente para sair da barra. Mas, como os palitos estão grudados nele, você não pode girar sem uma pecinha de metal com formato especial.

COMO ELA ABRE
Para abrir a máquina, você coloca uma pecinha de metal dentro do buraco. Quando ela entra, os lados desse metal forçam os palitos a sair do caminho. Por conta da forma do metal, alguns palitos são mais forçados que outros.

Se o seu metal tiver a forma certa, cada palito vai ser mexido o suficiente para a quebra no meio juntar com a beira do girador. Aí você pode mexer o girador usando o pedaço de metal.

Quando você mexe o girador, o dente se solta do buraco na barra. Depois você pode levantar a barra e tirar um círculo de perto do outro.

OUTRAS MÁQUINAS DE CONFERIR
Existem muitos outros tipos de máquinas para conferir se a pessoa tem uma pecinha de metal (como uma pecinha de metal ou uma informação especial) e só abrir se ela tiver.

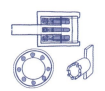

OUTROS CONFERE-FORMAS
Alguns tipos de máquinas precisam de formas de metal diferentes. Este tipo usa uma forma de círculo, mas a ideia de como funciona é quase igual à que está acima.

CONFERE-NÚMEROS
Existem máquinas que conferem números e não formas. Se você souber os números certos, faz a máquina abrir.

Elas geralmente funcionam com rodas de metal que giram. Quando as rodas ficam no lugar certo, a barra se abre. Mas você tem que saber como se colocam as rodas no lugar certo.

Um problema que muitas destas máquinas têm é que, quando se gira e se escuta e se toca com cuidado, às vezes você descobre como as rodas combinam.

E, se você não conseguir, pode tentar todos os números. Se você tiver tempo, pode abrir vários tipos de confere-números em algumas horas.

MENTINDO PARA O CONFERE
Você pode fazer uma máquina como esta abrir mesmo que não tenha a forma certa. Um jeito de fazer:

Você começa forçando uma pecinha de metal fina no buraco e fazer giros lentos.

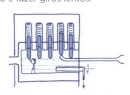

Em alguns lugares, carregar estas pecinhas de metal pode virar um problema para você, mesmo que você não use para abrir nada.

É uma lei meio estranha, já que não tem nada de errado em usar metal para girar um pedacinho dentro de uma máquina. Muitas pessoas usam isso para aprender como funcionam as máquinas confere-forma.

Mas carregar essas pecinhas de metal pode deixar as pessoas preocupadas pelo mesmo motivo que as máquinas são interessantes — porque não são máquinas de verdade. São um jeito de dizer às pessoas o que você deixa que elas façam. E isso quer dizer que essas pecinhas de metal também são vistas como mensagens — a ideia de que você não se importa com o que os outros querem que você faça ou deixe de fazer.

Então faz sentido que as pessoas fiquem preocupadas com isso, mesmo que você só queira aprender sobre confere-formas legais.

Enquanto gira, você entra com outra pecinha de metal e usa a ponta para forçar os palitos quebrados, um de cada vez. Se você levantar um palito enquanto usa a outra mão para girar o girador, a parte quebrada pode ficar presa na ponta do girador.

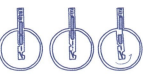

Enquanto você continuar tentando rodar o girador, o palito vai ficar preso. Quando você deixar cada palito preso no girador, não vai sobrar nada para pará-lo e ele vai girar e puxar o dente.

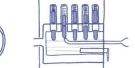

E, claro, se você precisar muito abrir uma destas máquinas, existem jeitos mais fáceis.

SALA QUE SOBE E DESCE

Uma sala que sobe e desce é uma caixa que leva pessoas para cima e para baixo dentro de um edifício.

As cidades de hoje não fariam sentido sem salas que sobem e descem. Se tivéssemos edifícios altos sem elas, todo mundo ia querer ficar no seu andar, porque subir ou descer ia dar mais trabalho do que ir a mesma distância para o lado. Edifícios altos teriam que ficar colados, e as pessoas teriam que andar entre eles no mesmo andar.

A maioria das salas que sobem e descem vai para cima e para baixo. Algumas vão para o lado quando sobem ou descem, para levar pessoas até o alto de uma montanha.

Também existem salas que não sobem e *só* vão de um lado para outro; elas se chamam trens.

Salas que sobem e descem são seguras; quase não tem como elas caírem. Tem várias peças que as ajudam a subir e descer e cada uma é feita para parar a sala — ao invés de deixá-la ir — se alguma coisa der errado.

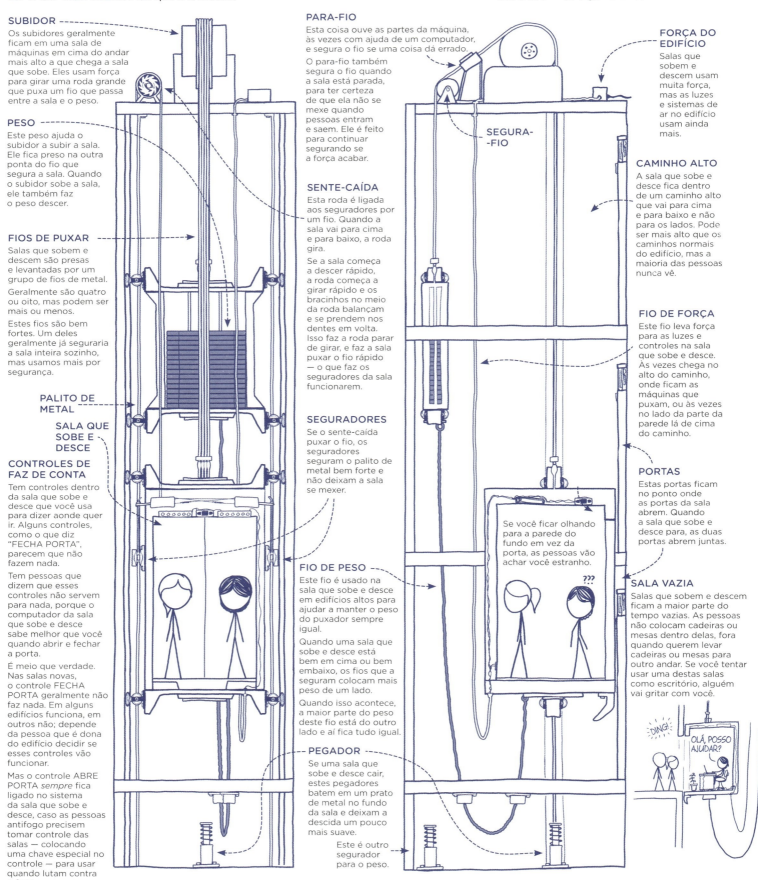

SUBIDOR
Os subidores geralmente ficam em uma sala de máquinas em cima do andar mais alto a que chega a sala que sobe. Eles usam força para girar uma roda grande que puxa um fio que passa entre a sala e o peso.

PESO
Este peso ajuda o subidor a subir a sala. Ele fica preso na outra ponta do fio que segura a sala. Quando o subidor sobe a sala, ele também faz o peso descer.

FIOS DE PUXAR
Salas que sobem e descem são presas e levantadas por um grupo de fios de metal.
Geralmente são quatro ou oito, mas podem ser mais ou menos.
Estes fios são bem fortes. Um deles geralmente já seguraria a sala inteira sozinho, mas usamos mais por segurança.

PALITO DE METAL

SALA QUE SOBE E DESCE

CONTROLES DE FAZ DE CONTA
Tem controles dentro da sala que sobe e desce que você usa para dizer aonde quer ir. Alguns controles, como o que diz "FECHA PORTA", parecem que não fazem nada.

Tem pessoas que dizem que esses controles não servem para nada, porque o computador da sala que sobe e desce sabe melhor que você quando abrir e fechar a porta.

É meio que verdade. Nas salas novas, o controle FECHA PORTA geralmente não faz nada. Em alguns edifícios funciona, em outros não; depende da pessoa que é dona do edifício decidir se esses controles vão funcionar.

Mas o controle ABRE PORTA *sempre* fica ligado no sistema da sala que sobe e desce, caso as pessoas antifogo precisem tomar controle das salas — colocando uma chave especial no controle — para usar quando lutam contra o fogo.

PARA-FIO
Esta coisa ouve as partes da máquina, às vezes com ajuda de um computador, e segura o fio se uma coisa dá errado.

O para-fio também segura o fio quando a sala está parada, para ter certeza de que ela não se mexe quando pessoas entram e saem. Ele é feito para continuar segurando se a força acabar.

SENTE-CAÍDA
Esta roda é ligada aos seguradores por um fio. Quando a sala vai para cima e para baixo, a roda gira.

Se a sala começa a descer rápido, a roda começa a girar rápido e os bracinhos no meio da roda balançam e se prendem nos dentes em volta. Isso faz a roda parar de girar, e faz a sala puxar o fio rápido — o que faz os seguradores da sala funcionarem.

SEGURADORES
Se o sente-caída puxar o fio, os seguradores seguram o palito de metal bem forte e não deixam a sala se mexer.

FIO DE PESO
Este fio é usado na sala que sobe e desce em edifícios altos para ajudar a manter o peso do puxador sempre igual.

Quando uma sala que sobe e desce está bem em cima ou bem embaixo, os fios que a seguram colocam mais peso de um lado.

Quando isso acontece, a maior parte do peso deste fio está do outro lado e aí fica tudo igual.

PEGADOR
Se uma sala que sobe e desce cair, estes pegadores batem em um prato de metal no fundo da sala e deixam a descida um pouco mais suave.

Este é outro segurador para o peso.

SEGURA-FIO

FORÇA DO EDIFÍCIO
Salas que sobem e descem usam muita força, mas as luzes e sistemas de ar no edifício usam ainda mais.

CAMINHO ALTO
A sala que sobe e desce fica dentro de um caminho alto que vai para cima e para baixo e não para os lados. Pode ser mais alto que os caminhos normais do edifício, mas a maioria das pessoas nunca vê.

FIO DE FORÇA
Este fio leva força para as luzes e controles na sala que sobe e desce. Às vezes chega no alto do caminho, onde ficam as máquinas que puxam, ou às vezes no lado da parte da parede lá de cima do caminho.

PORTAS
Estas portas ficam no ponto onde as portas da sala abrem. Quando a sala que sobe e desce para, as duas portas abrem juntas.

Se você ficar olhando para a parede do fundo em vez da porta, as pessoas vão achar você estranho.

SALA VAZIA
Salas que sobem e descem ficam a maior parte do tempo vazias. As pessoas não colocam cadeiras ou mesas dentro delas, fora quando querem levar cadeiras ou mesas para outro andar. Se você tentar usar uma destas salas como escritório, alguém vai gritar com você.

BARCO QUE VAI EMBAIXO DA ÁGUA

Sempre tivemos barcos que vão embaixo da água, mas nos últimos anos aprendemos a fazer os que voltam para cima.

No início, usamos estes barcos para atirar em outros barcos, fazer buracos neles ou grudar neles coisas que estouram.

Depois, descobrimos outro uso para estes barcos: deixar as máquinas de queimar cidades escondidas com segurança e prontas para usar se acontecer uma guerra.

BARCO FIM DO MUNDO
O barco que aparece aqui carrega até duas dúzias de máquinas de guerra para queimar cidades.

Existem pessoas que já juntaram a força usada durante a Segunda Guerra do Mundo — todas as máquinas de estourar, todos os tiros atirados e todas as cidades que pegaram fogo. É um monte de força. Cada barco desses carrega várias vezes esse monte.

MÁQUINA DE FORÇA DE METAL PESADO
Estes barcos tiram força de metal pesado, igual aos edifícios que fazem força. Quer dizer que eles podem ficar escondidos muito tempo e não ficar sem força.

Toda vez que se usa metal pesado para força, as pessoas ficam com medo de que alguma coisa vai dar errado. Quando pensam no motivo para construir estes barcos, as pessoas ficam ainda mais preocupadas que um deles dê *certo*, claro.

CANO DE RESPIRAR
Leva ar fresco para o barco, mas o barco consegue criar seu ar fazendo a água virar pedacinhos das coisas que fazem a água. Para isso ele precisa de muita força. Mas o barco tira força de metal pesado, ou seja, tem força para fazer o que quiser.

SALAS DE DORMIR
As pessoas normais no barco dormem dos dois lados das máquinas de queimar cidades.

OLHADOR COM ESPELHO
Quando o barco está escondido no mar, ele pode chegar perto da pele da água e usar estes canos com espelhos para deixar as pessoas dentro verem fora da água.

OLHADOR COM SOM
A luz não vai longe embaixo da água, então estes barcos "veem" com som. O barco faz um som, que bate nas coisas e volta. Ouvindo bem, as pessoas no barco conseguem dizer o que existe em volta sem ver — como aqueles passarinhos com pele que pegam moscas no escuro.

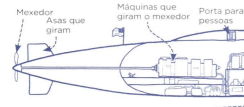

Mexedor · Asas que giram · Máquinas que giram o mexedor · Porta para pessoas · Máquinas para fazer ar puro · Porta para pessoas · Portas para máquinas de queimar cidades · Escritórios · Cozinha · Sala para planos de onde ir · Sala para decidir · Máquina que faz força com água-fogo (caso tenha problema no metal pesado) · Sala de comer · Sala de controle do leva-voando · Caixas da força · Computadores · Porta para pessoas · Rádio · Salas que enchem de água para fazer o barco ir para baixo da água

SALAS VAZIAS
Um tempo atrás, todo mundo decidiu que o mundo não precisava de tantas máquinas de queimar cidades. Este país aceitou desligar quatro das duas dúzias de máquinas de queimar cidade, aí ficaram só vinte.

MÁQUINAS DE QUEIMAR CIDADES
Cada uma destas salas tem um leva-voando cheio de máquinas de queimar cidades. Escondidos embaixo da água, os barcos podem jogar essas máquinas no espaço. Qualquer um destes barcos pode mandar uma máquina a qualquer lugar do mundo em menos de uma hora.

MÁQUINAS PARA ATIRAR EM BARCOS
Este barco pode jogar estas maquininhas em outros barcos embaixo da água e fazer buracos neles. Elas estouram, mas não usam metal pesado.

Os barcos antes levavam mais armas e máquinas iguais a essa, mas brigas entre barcos não acontecem tanto hoje em dia.

OUTROS BARCOS QUE VÃO EMBAIXO DA ÁGUA
Outros barcos que desenhei para mostrar o tamanho deles perto do barco do fim do mundo acima.

BARCO DA GUERRA DO MUNDO
Este foi usado por um país na Segunda Guerra do Mundo. Era chamado de "Barco Embaixo do Mar".

O PRIMEIRO BARCO DE ATACAR
Este barco foi usado faz mais de duas centenas de anos para grudar coisas que queimam em barcos e eles estourarem.

BARCOS PEQUENOS DE ATACAR
Estes barcos são grandes, mas menores que aqueles que carregam máquinas de queimar cidades. Eles levam máquinas que estouram casas, ruas e outros barcos, mas não cidades inteiras.

BARCO QUE NUNCA USARAM
Estes foram construídos faz mais de uma centena de anos, mas foram escondidos e nunca usados.

(Isso não é estranho; os barcos fim do mundo de hoje *também* se escondem e nunca lutam.)

AFUNDADOR
Duas pessoas usaram este barco para visitar o fundo do lugar mais fundo do mar.

ENCONTRA-BARCOS
Este foi usado para encontrar um barco grande que tinha batido no gelo muito tempo atrás e caiu no fundo do mar.

AFUNDADOR FAZ-FILME
Um homem fez um filme sobre um barco que bateu no gelo e quebrou, depois usou o dinheiro para comprar este barco e levar à parte mais funda do mar. (Ele não foi lá fazer um filme. Ele só gosta do mar.)

Maior bicho · Maior bicho com dentes

BICHOS GRANDES
Estes bichos são menores que nossos barcos grandes de luta, mas existem alguns que vão bem mais fundo.

CAIXA QUE LIMPA COISAS ONDE VAI COMIDA

Esta caixa é uma máquina que limpa pratos e copos jogando água. A água é cheia de coisas que limpam, que ajudam a água a grudar na comida e tirá-la dos pratos.

Se você encher a caixa que limpa do jeito errado, ela não vai limpar bem. Depois que as pessoas veem isso acontecer algumas vezes, começam a ter ideias bem certinhas de como se enche a caixa. Quando pessoas com ideias diferentes sobre estas máquinas começam a morar juntas, podem acontecer brigas.

Algumas ideias são claras para todo mundo: sempre colocar os copos para baixo para eles não encherem de água com comida, por exemplo. Existem outras, mas vocês não precisam brigar. Tem um livro que vem com sua limpa-pratos, e ele mostra como encher. (Se você perdeu o livro, geralmente consegue encontrar para ler em um computador.)

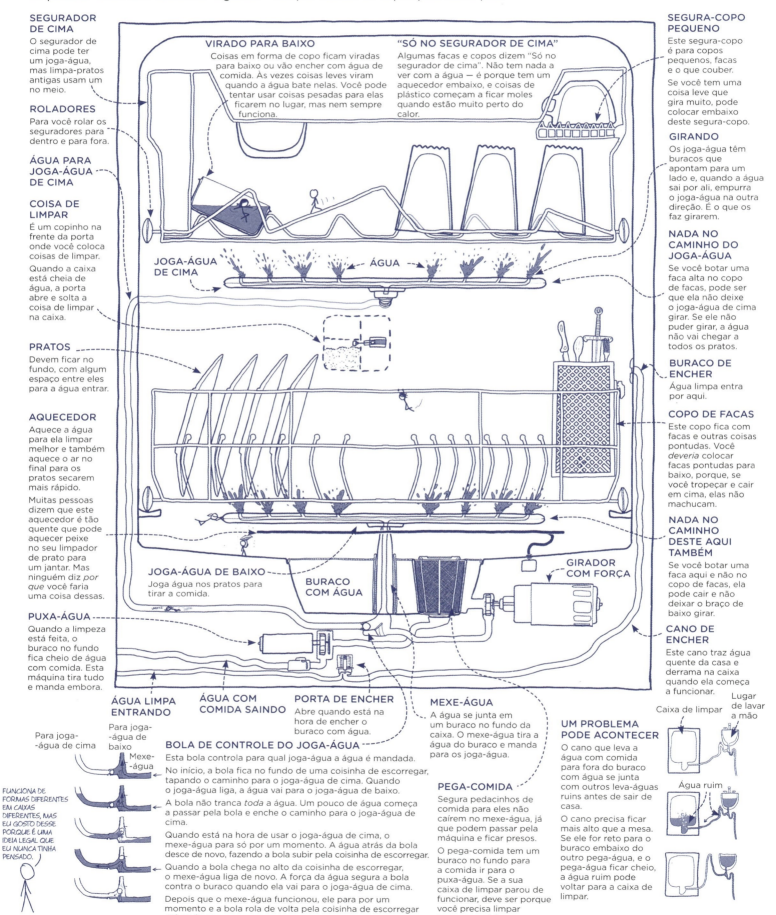

SEGURADOR DE CIMA
O segurador de cima pode ter um joga-água, mas limpa-pratos antigas usam um no meio.

ROLADORES
Para você rolar os seguradores para dentro e para fora.

ÁGUA PARA JOGA-ÁGUA DE CIMA

COISA DE LIMPAR
É um copinho na frente da porta onde você coloca coisas de limpar.
Quando a caixa está cheia de água, a porta abre e solta a coisa de limpar na caixa.

PRATOS
Devem ficar no fundo, com algum espaço entre eles para a água entrar.

AQUECEDOR
Aquece a água para ela limpar melhor e também aquece o ar no final para os pratos secarem mais rápido.
Muitas pessoas dizem que este aquecedor é tão quente que pode aquecer peixe no seu limpador de prato para um jantar. Mas ninguém diz *por que* você faria uma coisa dessas.

PUXA-ÁGUA
Quando a limpeza está feita, o buraco no fundo fica cheio de água com comida. Esta máquina tira tudo e manda embora.

VIRADO PARA BAIXO
Coisas em forma de copo ficam viradas para baixo ou vão encher com água de comida. Às vezes coisas leves viram quando a água bate nelas. Você pode tentar usar coisas pesadas para elas ficarem no lugar, mas nem sempre funciona.

JOGA-ÁGUA DE CIMA

ÁGUA

"SÓ NO SEGURADOR DE CIMA"
Algumas facas e copos dizem "Só no segurador de cima". Não tem nada a ver com a água — é porque tem um aquecedor embaixo, e coisas de plástico começam a ficar moles quando estão muito perto do calor.

JOGA-ÁGUA DE BAIXO
Joga água nos pratos para tirar a comida.

BURACO COM ÁGUA

GIRADOR COM FORÇA

ÁGUA LIMPA ENTRANDO
Para joga-água de cima

ÁGUA COM COMIDA SAINDO
Para joga-água de baixo
Mexe-água

FUNCIONA DE FORMAS DIFERENTES EM CAIXAS DIFERENTES, MAS EU GOSTO DESSE PORQUE É UMA IDEIA LEGAL QUE EU NUNCA TINHA PENSADO.

PORTA DE ENCHER
Abre quando está na hora de encher o buraco com água.

BOLA DE CONTROLE DO JOGA-ÁGUA
Esta bola controla para qual joga-água a água é mandada.

No início, a bola fica no fundo de uma coisinha de escorregar, tapando o caminho para o joga-água de cima. Quando o joga-água liga, a água vai para o joga-água de baixo.

A bola não tranca *toda* a água. Um pouco de água começa a passar pela bola e enche o caminho para o joga-água de cima.

Quando está na hora de usar o joga-água de cima, o mexe-água para só por um momento. A água atrás da bola desce de novo, fazendo a bola subir pela coisinha de escorregar.

Quando a bola chega no alto da coisinha de escorregar, o mexe-água liga de novo. A força da água segura a bola contra o buraco quando ela vai para o joga-água de cima.

Depois que o mexe-água funcionou, ele para por um momento e a bola rola de volta pela coisinha de escorregar até onde começou.

MEXE-ÁGUA
A água se junta em um buraco no fundo da caixa. O mexe-água tira água do buraco e manda para os joga-água.

PEGA-COMIDA
Segura pedacinhos de comida para eles não caírem no mexe-água, já que podem passar pela máquina e ficar presos.

O pega-comida tem um buraco no fundo para a comida ir para o puxa-água. Se a sua caixa de limpar parou de funcionar, deve ser porque você precisa limpar o pega-comida.

SEGURA-COPO PEQUENO
Este segura-copo é para copos pequenos, facas e o que couber.
Se você tem uma coisa leve que gira muito, pode colocar embaixo deste segura-copo.

GIRANDO
Os joga-água têm buracos que apontam para um lado e, quando a água sai por ali, empurra o joga-água na outra direção. É o que os faz girarem.

NADA NO CAMINHO DO JOGA-ÁGUA
Se você botar uma faca alta no copo de facas, pode ser que ela não deixe o joga-água de cima girar. Se ele não puder girar, a água não vai chegar a todos os pratos.

BURACO DE ENCHER
Água limpa entra por aqui.

COPO DE FACAS
Este copo fica com facas e outras coisas pontudas. Você *deveria* colocar facas pontudas para baixo, porque, se você tropeçar e cair em cima, elas não machucam.

NADA NO CAMINHO DESTE AQUI TAMBÉM
Se você botar uma faca aqui no copo de facas, ela pode cair e não deixar o braço de baixo girar.

CANO DE ENCHER
Este cano traz água quente da casa e derrama na caixa quando ela começa a funcionar.

UM PROBLEMA PODE ACONTECER
O cano que leva a água com comida para fora do buraco com água se junta com outros leva-águas ruins antes de sair de casa.

O cano precisa ficar mais alto que a mesa. Se ele for reto para o buraco embaixo do outro pega-água, e o pega-água ficar cheio, a água ruim pode voltar para a caixa de limpar.

Lugar de lavar a mão
Caixa de limpar
Água ruim

PEDRAS GRANDES E LISAS ONDE MORAMOS

A pele do mundo é feita de pedras grandes e lisas que andam. As pedras embaixo da terra geralmente são grossas, lentas e duram muito tempo. As que ficam embaixo da água são finas, pesadas e andam rápido. (Rápido para uma pedra, no caso. Elas andam na velocidade que as coisas nas pontas dos seus dedos crescem.) Quando uma pedra do mar bate em uma pedra da terra, a pedra do mar geralmente é forçada para baixo e para dentro da Terra. Os lugares em que isso acontece geralmente têm mares fundos perto da terra, linhas de montanhas, chão que sacode e ondas grandes.

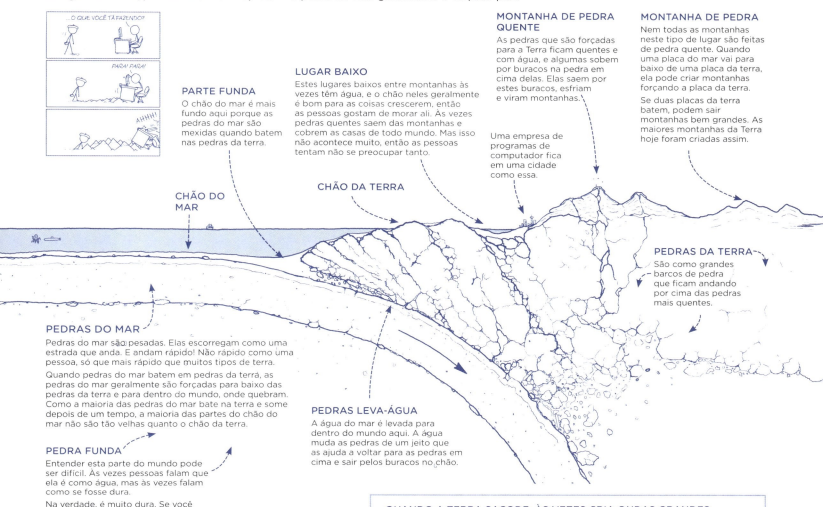

MONTANHA DE PEDRA QUENTE
As pedras que são forçadas para a Terra ficam quentes e com água, e algumas sobem por buracos na pedra em cima delas. Elas saem por estes buracos, esfriam e viram montanhas.

Uma empresa de programas de computador fica em uma cidade como essa.

MONTANHA DE PEDRA
Nem todas as montanhas neste tipo de lugar são feitas de pedra quente. Quando uma placa do mar vai para baixo de uma placa da terra, ela pode criar montanhas forçando a placa da terra.

Se duas placas da terra batem, podem sair montanhas bem grandes. As maiores montanhas da Terra hoje foram criadas assim.

LUGAR BAIXO
Estes lugares baixos entre montanhas às vezes têm água, e o chão neles geralmente é bom para as coisas crescerem, então as pessoas gostam de morar ali. Às vezes pedras quentes saem das montanhas e cobrem as casas de todo mundo. Mas isso não acontece muito, então as pessoas tentam não se preocupar tanto.

PARTE FUNDA
O chão do mar é mais fundo aqui porque as pedras do mar são mexidas quando batem nas pedras da terra.

CHÃO DO MAR

CHÃO DA TERRA

PEDRAS DA TERRA
São como grandes barcos de pedra que ficam andando por cima das pedras mais quentes.

PEDRAS DO MAR
Pedras do mar são pesadas. Elas escorregam como uma estrada que anda. E andam rápido! Não rápido como uma pessoa, só que mais rápido que muitos tipos de terra.

Quando pedras do mar batem em pedras da terra, as pedras do mar geralmente são forçadas para baixo das pedras da terra e para dentro do mundo, onde quebram. Como a maioria das pedras do mar bate na terra e some depois de um tempo, a maioria das partes do chão do mar não são tão velhas quanto o chão da terra.

PEDRA FUNDA
Entender esta parte do mundo pode ser difícil. Às vezes pessoas falam que ela é como água, mas às vezes falam como se fosse dura.

Na verdade, é muito dura. Se você tocasse um pedaço, ia sentir como é dura. (Mas não toque, porque sua mão ia pegar fogo.) É mais dura que o metal, o vidro e até as pedras de anel de casar mais duras. Assim está parecendo mais pedra, não água.

Mas também podemos vê-la parecendo água. Como os grandes rios de gelo que descem lentos das montanhas. O gelo é duro de perto e você pode caminhar em cima e quebrar pedacinhos. Mas, se você olhar para ele de longe e esperar muito tempo, vai ver que ele se mexe como água.

PEDRAS LEVA-ÁGUA
A água do mar é levada para dentro do mundo aqui. A água muda as pedras de um jeito que as ajuda a voltar para as pedras em cima e sair pelos buracos no chão.

O motivo para o chão do mar se mexer é que estas pedras são mais pesadas que a pedra funda embaixo delas, e o seu peso empurra o chão do mar quando elas caem para dentro do mundo.

As pedras da terra também se mexem, mas na maior parte do tempo ficam em cima e não caem no mundo. Não entendemos o que as força a fazer isso.

PEDRA FUNDA

É estranho pensar que essas coisas todas estão embaixo de você agora.

PEDRA MAIS FUNDA

QUANDO A TERRA SACODE, ÀS VEZES CRIA ONDAS GRANDES. É ESSE SACUDIR QUE FAZ AS MAIORES ONDAS:

Existe um lugar no meu país na beira do mar. (Uma vez fizeram um jogo para crianças sobre como chegar a este lugar. Você tinha que atravessar rios e atirar em bichos para ter comida, e às vezes pessoas da sua família morriam. Era para você aprender sobre o passado, mas eu só fiz a parte de atirar e nunca aprendi grande coisa.)

Perto da água, tem uma coisa muito estranha: árvores mortas no mar. Tem muitas árvores mortas no mar. Mas o estranho nessas árvores é que elas não estão deitadas. Elas saem do chão do mar, como se crescessem lá. Isso não era para ser possível, porque essas árvores não crescem na água do mar. O mar sobe e desce, mas as árvores morreram faz três centenas de anos e o mar não subiu o suficiente para explicar como essas árvores cresceram ali.

A resposta é: o mar não subiu. A terra caiu.

Do outro lado do mar, três centenas de anos atrás, aconteceu uma grande onda. As pessoas que viram escreveram sobre ela. Também escreveram que não sentiram o chão sacudir antes da onda.

O motivo para não terem sentido o chão sacudir é que não foi perto delas. Aconteceu bem longe, do outro lado do mar. E, na beira da água, o chão desceu um pouco, aí o mar veio e tapou as árvores.

ONDE AS PEDRAS VÃO DEPOIS DE MORRER?

Nós pensávamos que, quando as pedras caíam dentro da Terra, quebravam na hora por causa do calor. E, mesmo que ficassem juntas um tempo, não tinha importância, já que iam ficar escondidas para sempre. Esta parte da nossa história se foi.

Mas acontece que elas não se foram. Quando o mundo sacode, conseguimos ouvir o som dar a volta e atravessar o mundo. Se escutarmos bem, podemos ouvir o som bater em coisas dentro da Terra e ficar sabendo como é lá dentro.

Ouvindo a Terra, ficamos sabendo que as pedras não viram água na hora. Podemos acompanhar, mesmo quando ficam longe dos nossos olhos, quando elas caem bem, bem, bem fundo na Terra.

Eu acho isso muito legal.

MAPAS DE NUVENS

O ar muda todos os dias. Todo dia, as nuvens se mexem, a chuva vai e vem e os ventos mudam. E, todo dia, pessoas de todo o mundo tentam descobrir o que o ar está fazendo e aonde a chuva vai.

Para fazer mapas do céu, usamos barcos-do-espaço que olham as nuvens de cima, ondas de rádio que olham as nuvens de lado e pessoas do mundo inteiro olhando as chuvas de baixo.

BAIXOS (FAZEM CHUVA)
Espaços com ar mais leve por cima são chamados de "baixos". O ar passa pelo chão em direção a estes espaços, e — assim como a água que vai para o fundo de um buraco com água — vai rápido e começa a girar em círculos.

O ar geralmente sobe nestes espaços "leves", e isso faz chuva. Quando o ar sobe, a água no ar esfria e vira pinguinhos, assim como a água por fora do copo com bebida gelada.

ALTOS E BAIXOS
Estes fios mostram quanta força o ar está fazendo em vários espaços do mapa — que é uma ideia meio estranha, mas importante para entender chuva e vento.

Estes mapas são muito parecidos com os mapas que mostravam a forma das montanhas. Os fios se juntam em espaços onde o ar está fazendo força com o mesmo peso, e os meios dos círculos são espaços onde o ar é mais pesado ou mais leve. Eles são chamados de "pesados" ou "leves" (ou "altos" e "baixos"), para você saber qual é qual.

Este espaço vai ter chuva forte (ou neve, se estiver muito frio).

AR GELADO
Este espaço vai ficar gelado e limpo.

Este espaço vai ter ventos fortes e frios com chuva pesada.

Este espaço vai ter vento leve e chuva leve.

AR FRIO
Este espaço vai ficar frio.

ALTOS (ESPAÇOS LIMPOS)
Em um espaço "pesado" (ou "alto"), o ar faz muita força, o que não deixa o ar molhado subir e não deixa nuvens e chuva se formarem. Estes espaços geralmente têm céus limpos e pouco vento.

Este espaço, por enquanto, vai ficar limpo e quente.

AR QUENTE

Os espaços escuros do mapa mostram onde vai chover.

GRANDES TEMPESTADES-CÍRCULO
Estas tempestades são como um "baixo" que tem a força do calor que vem da água do mar quando vira ar e sobe porque o Sol a aqueceu. Têm ventos muito fortes em um círculo perto do meio, mas bem *dentro* do meio é calmo — e pode até ser limpo. As pessoas chamam esse espaço limpo de "olho" da tempestade.

Quando estas tempestades vêm do mar, trazem o mar junto. Os ventos empurram a água para a frente, e isso pode fazer o mar subir na terra e cobrir cidades. Elas também podem fazer tanta chuva que os rios sobem e levam pessoas, carros e casas.

Graças aos computadores, estamos muito melhores em adivinhar aonde tempestades-círculo vão, o que nos ajuda a dizer para as pessoas saírem de perto.

Este espaço pode ter raios no céu e ventos tão fortes que podem derrubar uma casa.

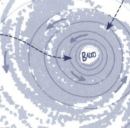

Este pedacinho de nuvem que sai para cima quer dizer que o ar quente está subindo tão rápido que salta onde geralmente deveria parar. Quer dizer que a tempestade é muito forte.

Mais ou menos aqui, o ar para de ficar gelado quando você sobe, então o ar quente para de subir.

AR GELADO ENTRANDO
Esta linha mostra onde o ar gelado está entrando. Talvez isso queira dizer que vai ter vento, e depois raios, barulhos das nuvens e chuva muito, muito pesada, mas que não vai demorar.

AR QUENTE ENTRANDO
Esta linha quer dizer que o ar quente vai entrar em um espaço. Pode ser que apareçam nuvens antes do ar quente, às vezes alguns dias antes de sua chegada, e chuva quando ele chegar.

TEMPESTADES DE VERÃO MUITO GRANDES
Às vezes, em dias quentes, o ar que o Sol aqueceu sobe muito rápido, depois esfria e cai chuva. Estas tempestades podem fazer um vento que gira e derruba casas.

COISAS QUE VOCÊ VÊ NOS MAPAS DE RÁDIO E O QUE ELAS QUEREM DIZER
Os edifícios de olhar o céu apontam ondas de rádio para as nuvens. Se as nuvens têm grandes pingos de água, as ondas de rádio batem neles e voltam. Quando se aponta o rádio para várias direções, as pessoas nesses edifícios podem fazer um mapa de toda a chuva e neve nas nuvens em volta.

Veja como entender algumas formas que você vê nos mapas:

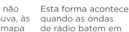

CHUVA
Formas grandes assim querem dizer chuva. Provavelmente vai durar um pouco e às vezes vai ser leve, ou pode ser pesada.

TEMPESTADE DO BARULHO
Esta forma quer dizer que vem uma tempestade, que pode ter luzes, barulho e vento forte.

TEMPESTADE DE VENTO
Esta forma quer dizer que vem uma tempestade está tocando no chão e pode arrancar árvores e casas.

VENTO QUE GIRA
Esta forma, que parece um dedo dobrado, quer dizer que uma nuvem que gira está tocando no chão e pode arrancar árvores e casas.

Às vezes, se você olha as formas que o rádio faz, vê as coisas que a tempestade pegou. Parece uma bolinha no meio da forma de dedo dobrado.

PASSARINHOS COM PELE
Esta forma em círculo não é chuva — são centenas e centenas de passarinhos com pele saindo de um buraco grande para comer moscas depois que o Sol se põe.

Às vezes outros bichos, como os passarinhos normais e as moscas, também aparecem nesses mapas.

ÁRVORES
Quando não se vê chuva, às vezes o mapa mostra linhas de barulho das ondas de rádio batendo em cima de árvores e casas.

CHÃO
Esta forma acontece quando as ondas de rádio batem em nuvens, depois em um buraco com água no chão e voltam. Faz com que pareçam maiores, então parece que tem chuva bem longe.

ÁRVORE

FOLHAS
Árvores tiram força da luz do Sol usando as folhas. As coisas verdes nas folhas comem luz (e o tipo de ar que as pessoas põem para fora) e a faz virar força (e o tipo de ar que as pessoas põem para dentro).

PULADOR DE ÁRVORES CINZA
Estes bichinhos dormem em casonas redondas feitas de palitos e folhas no alto dos galhos.

CRESCENDO
Árvores crescem deixando as pontas dos galhos maiores. Este ponto onde um galho junta com a peça principal da árvore nunca fica mais alto.

GATO COM PONTAS
Este bicho caminha lento, sobe em árvores e come folhas e palitos. É coberto de pontas finas que podem grudar na sua pele, por isso a maioria dos bichos não mexe com ele.

BURACOS DE PASSARINHO
Alguns passarinhos fazem buracos, mas muitos só usam buracos que outros passarinhos fazem.

ÁRVORES ALTAS E LARGAS
O mesmo tipo de árvore pode crescer alta ou larga. Se existem outras árvores em volta, elas crescem geralmente para cima, cada uma tentando ficar acima das outras para chegar à luz do sol. Se uma árvore crescer sozinha no campo, ela vai espalhar os galhos para os lados para pegar mais luz.

PEGA-BICHOS NO SILÊNCIO DA NOITE
Estes passarinhos voam em silêncio e têm olhos grandes para pegar bichos do chão no escuro.

As pessoas acham que eles sabem muitas coisas. Deve ser porque fazem silêncio e têm olhões.

BURACOS DE BEBER
Foram feitos por um passarinho que bate a cabeça procurando sangue de árvore para beber.

CAMPO QUE VIRA FLORESTA
Quando as pessoas derrubam uma floresta, às vezes deixam algumas árvores — para fazer um espaço de sombra mais frio, ou porque a árvore é bonitinha —, e essas árvores crescem no espaço novo.

Se a floresta voltar, as novas árvores — lutando umas contra as outras enquanto crescem — vão ser altas e finas.

Se você encontrar uma florestas de árvores altas e finas com uma árvore larga com galhos baixos no meio, quer dizer que a floresta em que você está era o campo de alguém uma centena de anos atrás.

FLOR QUE COME ÁRVORE
Esta flor faz buracos nas árvores e rouba comida e água de dentro delas. Se as flores ficarem grandes, podem matar os galhos em que crescem e até a árvore inteira.

PULADORES DO BARULHO
Estes dois tipos de bichinhos fazem muito barulho e são conhecidos por pular. Um tem ossos.

PASSARINHO QUE BATE A CABEÇA
Este tipo de passarinho bate em árvores com a cabeça, fazendo buracos na madeira com a boca pontuda. Eles fazem buracos para encontrar coisas para comer. Alguns também fazem buracos para morar.

METAL VELHO
Quando as pessoas usam metal para prender placas em árvores, às vezes a árvore cresce em volta e come o metal.

Aí, anos depois, se alguém cortar a árvore, a coisa que corta girando pode bater no metal e fazer pedacinhos pontudos de metal voarem pelo ar.

QUEIMA-PELE
Estas folhas têm coisas que fazem sua pele ficar vermelha. É bem ruim. Você fica achando que precisa passar uma coisa pontuda na pele, mas, se fizer isso, fica pior.

Esta flor de folhas cresce em fios compridos no chão ou no alto de árvores. Às vezes cresce no ar como uma arvorezinha. Como muitas outras coisas, suas folhas aparecem em grupos de três.

QUEIMADURA DE TEMPESTADE
Quando raios de tempestade tocam numa árvore, podem queimar uma linha na madeira.

BURACO DE GALHO QUEBRADO
Quando uma árvore se machuca — como um galho que se quebra —, o lugar onde ela se machucou cresce diferente, como quando tem um corte na sua pele. Às vezes bichos entram nesses buracos e o deixam maior.

CASA DE PASSARINHO

PELE
A pele de fora das árvores é onde acontece o crescimento e onde a comida sobe e desce. Cortar um anel de pele em toda a volta da árvore mata a árvore.

Árvores crescem colocando novas camadas e crescem de formas diferentes em partes diferentes do ano. Se você abrir uma árvore, pode ver as camadas velhas e contar para saber quantos anos a árvore tem.

BURACO DE FOGO
Estes buracos são de fogo de muito tempo atrás. As folhas e palitos no chão queimaram, e o vento soprou o fogo contra este lado da árvore. O lugar queimado cresce de um jeito diferente e às vezes pode virar um buraco grande.

ROUBADORA DE COMIDA DE ÁRVORE
Em vez de fazer seus galhos da terra, esta flor cresce nos galhos da terra de outras árvores e rouba comida delas.

Algumas flores assim não têm folhas verdes nem conseguem fazer a própria comida da luz.

MONTANHA DE BICHOS
Esta é a areia que as moscas que andam tiraram do chão quando fizeram buracos.

PORTA

GALHOS DA TERRA
Árvores criam galhos no chão, iguais aos do ar. Os galhos do ar recebem luz do Sol, enquanto os galhos do chão pegam água e comida da terra. Eles se espalham bastante — muitas vezes mais que os galhos do ar —, mas geralmente não muito fundo.

CACHORRO PEQUENO

BURACADORES DE BURAQUINHO

MOSCAS QUE ANDAM
Estes bichinhos vivem em grupos grandes e fazem buracos. A maioria não tem filhos; cada família tem uma mãe que faz todos os bichos novos da casa.

Geralmente não voam e não são muito parecidas com moscas de casa. São do mesmo grupo dos tipos de moscas que têm uma ponta que machuca pessoas.

BURACADORES DE BURACO COMPRIDO

MORDEDORAS COMPRIDAS SEM BRAÇOS NEM PERNAS (DORMINDO)
Estes bichos compridos e finos de sangue frio geralmente não andam juntos e às vezes comem uns aos outros.

Mas, durante o inverno, vários tipos ficam juntos e dormem enrolados em grandes buracos embaixo do chão, onde é mais quente.

PULADORES DE ORELHA COMPRIDA

BURACADORES DE BURACÃO

VIDA NO GALHO DA TERRA
A maioria das árvores e flores tem coisas vivas que crescem nos galhos da terra. Estas coisas vivas as ajudam a falar com outras árvores e flores em volta. As árvores podem até usar essas coisas vivas para dividir comida ou brigar.

Se uma coisa tentar comer uma árvore, ela pode dizer para outras árvores através de mensagens levadas pelas coisas vivas no chão, e as outras árvores podem começar a fazer água ruim e outras coisas para ficarem ruins de comer.

MÁQUINA DE QUEIMAR CIDADES

No final da maior guerra da história, menos de uma centena de anos antes de este livro ser escrito, as pessoas descobriram como fazer um pedacinho de metal pesado se aquecer igual ao sol. Eles conseguiam deixar o metal tão quente que ele estourava com luz e fogo para queimar uma cidade inteira e mandar nuvens de poeira que deixam as pessoas doentes. Duas dessas foram usadas naquela guerra. Cada uma queimou uma cidade e matou muitas, muitas pessoas.

Depois da guerra, aprendemos a fazer o fogo das máquinas maior e mais quente, e construímos alguns leva-voando que podem fazê-las chegar em minutos a qualquer lugar do mundo. Não tinha como parar essas máquinas, então muitos países as construíram e as esconderam embaixo do chão, para que ninguém jogasse neles sem que pudessem jogar de volta.

Todo mundo ficou preocupado que uma guerra nova fosse começar a qualquer minuto. Passamos muitos anos assim, cada lado esperando que o outro atacasse e começasse a guerra que ia acabar com o mundo.

Agora temos menos medo, e a maioria das pessoas não acha que essa guerra vai acontecer. Mas ainda temos as máquinas.

O PRIMEIRO FOGO SOLTO

Tudo no mundo é feito com pedacinhos bem pequenos. Perto do início da Segunda Guerra do Mundo, aprendemos que os pedacinhos de alguns metais pesados e especiais podiam quebrar ao meio. Também descobrimos que, quando eles quebram, soltam um raio de calor e uns pedacinhos pequenos e rápidos.

A MÁQUINA

A primeira máquina tinha uma peça que estourou. Alguns anos depois, descobrimos que o fogo fica muito maior juntando duas peças.

A peça de cima usa fogo normal para ligar o fogo que passa pelo metal especial. Aí a peça de baixo usa esse fogo especial para ligar um fogo solto ainda maior em um metal leve ou no ar. Este segundo fogo é do tipo que dá força para o sol.

O fogo solto do metal leve pode soltar mais força que o do metal pesado. Mas precisa de tanto calor e força para ligar que só conseguimos com a ajuda de fogo solto em metal pesado.

O SEGUNDO FOGO SOLTO

É assim que o primeiro fogo solto liga o segundo.

OS PEDACINHOS QUE FAZEM TUDO

Peça da nuvem

Peça pesada do meio

As nuvens de coisinhas que voam pela parte pesada do meio não são importantes para o fogo solto; podemos deixar de lado.

PLÁSTICO-FOGO
É do tipo da coisa que as pessoas geralmente usam para estourar coisas.

PRIMEIRA PEÇA

LIGA-MÁQUINA

FAZ-FOGUINHO

BURACO
Para entrar um ar especial antes de a máquina começar e ajudar a ligar o fogo solto.

METAL NORMAL
Ajuda a segurar o metal pesado e especial quando começa o primeiro fogo solto.

METAL PESADO
É aqui que acontece o primeiro fogo solto.

COISAS NO MEIO
Não sabemos do que isso é feito; os que fazem as máquinas escondem essa parte. Quando a luz enche a parte de dentro da caixa, ela fica maior e força a segunda peça a ficar junto.

PAREDE
Ajuda a segurar a luz da primeira peça para forçar a segunda peça.

MAIS METAL PESADO
Quando o metal leve ou o ar é forçado a ficar junto, aqui ele também liga outro fogo solto. Estes fogos soltos ajudam um a deixar o outro mais forte.

Primeiro, uma mensagem passa por um fio e liga um foguinho.

Os foguinhos ligam o plástico-fogo, que começa a estourar.

O plástico que estoura força o metal pesado a ficar junto.

Quando o metal fica bem pequeno, começa o fogo solto.

Quando queima, o metal solta luz forte — mais forte do que tudo, menos uma estrela que morre.

A luz aquece as coisas no meio, fazendo-a forçar a segunda parte *com muita força*.

Isso liga um fogo solto no metal *leve*.

Este fogo faz o outro fogo ainda pior, e a coisa toda explode.

Depois que o primeiro fogo solto começa, a coisa toda acontece no tempo que leva para a luz andar uma centena e poucos metros.

FOGO SOLTO

Quando o meio pesado de uma das pecinhas de metal se quebra em dois, solta calor e alguns pedacinhos. Se esses pedacinhos batem em outro meio, acontece a mesma coisa, soltando mais calor e mais pedacinhos. Em pouco tempo o pedaço inteiro vira um fogo solto.

BASTANTE METAL

Se o pedaço de metal é muito pequeno, os pedacinhos do meio quebrado podem sair voando sem bater nos outros meios.

Para um fogo solto ligar, precisa ter bastante metal para ter certeza de que os pedacinhos que voarem batam em outros meios em vez de sair voando.

QUANTO É "BASTANTE"?

(Não faça isso.)

O tamanho de um pedaço de metal para fazer um fogo solto é diferente para metais diferentes e formas diferentes, mas pode ser um pedacinho pequeno que uma pessoa pode pegar na mão.

Mesmo que um pedacinho não seja grande, colocar em um espaço pequeno pode fazer estourar, porque, quando os meios estão mais perto, tem menos espaço entre eles para o fogo sair.

METAL LEVE OU AR
Esta coisa também pode queimar um fogo solto, mas antes tem que ser forçado a ficar junto com muita força.

INDO PARA O ESPAÇO (MAS NÃO POR MUITO TEMPO)

O leva-máquinas de queimar cidades voa para o espaço. Como a maioria dos sobe-rápidos, o leva-máquinas solta peças depois que as usa, para ir cada vez mais rápido.

Ele vai numa velocidade rápida a ponto de quase ficar no espaço e dar a volta na Terra.

Quase, mas nem tanto.

Ao colocar mais e mais passos como esse, descobrimos que podemos fazer os fogos do tamanho que quisermos. Aí construímos máquinas cada vez maiores.

Mas aí paramos de fazer as máquinas maiores e começamos a fazer menores. Não paramos porque não queríamos queimar cidades maiores. Só entendemos que era mais fácil queimar uma cidade com máquinas pequenas do que com uma grande. Logo tínhamos máquinas pequenas para queimar quantas cidades quiséssemos.

Paramos de fazer as máquinas maiores porque as que já existiam tinham tamanho para queimar tudo. Não tinha nada maior para queimar.

COMO MANDAR

As primeiras máquinas de queimar cidades eram jogadas de barcos-do-céu. Depois, descobrimos como colocá-las em sobe-rápidos.

Os leva-máquinas de queimar cidades funcionam parecido com os sobe-rápidos que levam pessoas para o espaço.

Aliás, alguns desses leva-pessoas são leva-queima-cidades sem a parte de queimar cidades na ponta.

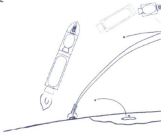

SALA DE ÁGUAS

Essa é uma das melhores coisas que os seres humanos já construíram.

Nas últimas duas centenas de anos, aprendemos muito sobre como as pessoas ficam doentes. Aprendemos como as coisas que nos deixam doentes andam e aprendemos jeitos de fazê-las parar de nos deixar doentes.

Aprendemos que muitas vezes ficamos doentes porque um tipo de vida entrou no nosso corpo e está tentando crescer. Nosso corpo geralmente consegue lutar, mas, enquanto estamos lutando, a nova vida usa as coisas que saem do nosso corpo — geralmente fazendo mais delas saírem — para se espalhar para outras pessoas.

Quando aprendemos a trazer água para nossas casas e a fazê-la tirar coisas dos nossos corpos sem tocar em outros, descobrimos um jeito de lutar contra coisas que mataram vários seres humanos.

Esta sala é muito importante!

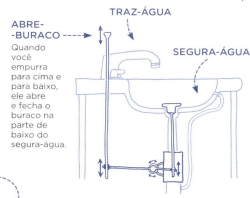

ABRE-BURACO
Quando você empurra para cima e para baixo, ele abre e fecha o buraco na parte de baixo do segura-água.

TRAZ-ÁGUA

SEGURA-ÁGUA

BARULHOS NA PAREDE
Às vezes, quando você desliga a água em uma casa velha, você ouve um barulho na parede, como uma pedra grande batendo em uma coisa. É o som da água batendo em um para-água.

Quando você liga o traz-água na casa, um trem de água se move até o buraco de sair. Quando você desliga, toda a água tem que parar.

A água se mexe bastante, mas não tem como ficar pequena. Quando o trem de água chega ao para-água, já que a água não pode ficar menor, não tem para onde ir. Tudo tem que parar. A força do trem de água que para de repente bate no metal e volta bem forte, fazendo um barulhão.

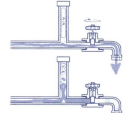

CASA VELHA:

CASA NOVA:

COMO CONSERTAMOS
As casas novas consertam isso colocando mais um pedacinho no traz-água. O pedacinho é um espaço sem saída, em cima da água, que é cheio de ar. Quando a água para, ela pode subir no lugar sem saída. O ar mole no lugar sem saída funciona como uma mola, fazendo a água perder velocidade de forma mais lenta e sem barulhão.

BURACO DE AR PARA TELHADO
Geralmente tem ar na água com cheiro ruim que sai da sala. Este leva-ar deixa esse ar subir e sair por um buraco no telhado, e não voltar pelo buraco na sua sala e deixar tudo com cheiro ruim.

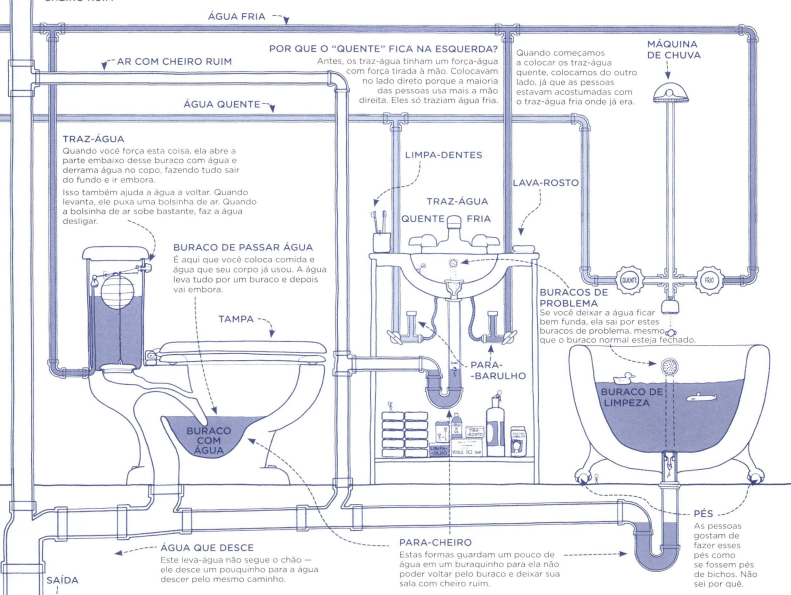

AR COM CHEIRO RUIM

ÁGUA FRIA

AR COM CHEIRO RUIM

ÁGUA QUENTE

POR QUE O "QUENTE" FICA NA ESQUERDA?
Antes, os traz-água tinham um força-água com força tirada à mão. Colocavam no lado direto porque a maioria das pessoas usa mais a mão direita. Eles só traziam água fria.

Quando começamos a colocar os traz-água quente, colocamos do outro lado, já que as pessoas estavam acostumadas com o traz-água fria onde já era.

MÁQUINA DE CHUVA

TRAZ-ÁGUA
Quando você força esta coisa, ela abre a parte embaixo desse buraco com água e derrama água no copo, fazendo tudo sair do fundo e ir embora.

Isso também ajuda a água a voltar. Quando levanta, ele puxa uma bolsinha de ar. Quando a bolsinha de ar sobe bastante, faz a água desligar.

LIMPA-DENTES

LAVA-ROSTO

TRAZ-ÁGUA QUENTE FRIA

BURACO DE PASSAR ÁGUA
É aqui que você coloca comida e água que seu corpo já usou. A água leva tudo por um buraco e depois vai embora.

TAMPA

BURACOS DE PROBLEMA
Se você deixar a água ficar bem funda, ela sai por estes buracos de problema, mesmo que o buraco normal esteja fechado.

PARA-BARULHO

BURACO DE LIMPEZA

BURACO COM ÁGUA

SAÍDA

ÁGUA QUE DESCE
Este leva-água não segue o chão — ele desce um pouquinho para a água descer pelo mesmo caminho.

PARA-CHEIRO
Estas formas guardam um pouco de água em um buraquinho para ela não poder voltar pelo buraco e deixar sua sala com cheiro ruim.

PÉS
As pessoas gostam de fazer esses pés como se fossem pés de bichos. Não sei por quê.

EDIFÍCIO CHEIO DE COMPUTADORES

Quando você usa um computador para ouvir música ou assistir a um filme, às vezes essas músicas e esses filmes estão no computador. Mas muitas vezes estão "na nuvem".

"A nuvem" é só um monte de edifícios que as grandes empresas têm. São cheios de computadores, caixas de informação e um monte de fios coloridos que ligam tudo, levando informação e força para dentro e para fora dos computadores. Quando você usa coisas como o Conversa de Passarinho e o Livro dos Rostos, seu computador está conversando com computadores em edifícios iguais a esse.

Alguns edifícios cheios de computadores foram construídos por empresas que queriam colocar todos os seus computadores lá dentro. Existem empresas bem grandes que fazem isso. Outros edifícios cheios de computadores vendem espaço para pessoas que têm computadores, mas precisam de um lugar para colocar. Alguns deixam usar os computadores se você pagar. Muitos têm computadores e, se você pagar, usam seus computadores para fazer coisas por você. Mas os computadores em todos esses edifícios geralmente são parecidos.

AR CORTA-FOGO
Se uma coisa pega fogo no edifício cheio de computadores, os sistemas do edifício geralmente vão abrir caixas cheias de ar pesado. Para queimar, o fogo precisa de uma coisa que tem no nosso ar. Se você colocar outro tipo de ar no lugar, o fogo para.

(O ar especial que o fogo precisa para queimar é o mesmo tipo de ar que precisamos para respirar. Então, se você estiver na sala quando mandarem o outro ar, você pode morrer. Pelo menos você não vai pegar fogo.)

CONTROLE DE ESPERA
Se tiver fogo e o edifício começar a se encher de ar corta-fogo, aperte este controle. Ele diz para o edifício: "Espere para mudar o ar! Eu ainda estou aqui!".

FIOS DE INFORMAÇÃO
Os fios que entram e saem das fileiras de computador às vezes passam pelo teto e às vezes pelo chão.

LEVA-ÁGUA QUE ESFRIA

ESFRIADOR DE SALA
Tem uma caixa igual a esta em cada andar. Ela sente o ar na sala e, se estiver muito quente, usa água fria especial dos esfriadores no telhado para esfriá-lo.

AR CORTA-FOGO

FIOS DE FORA
Ligam o edifício com os sistemas de computador e telefone do mundo. Estes fios são feitos de vidro, não de metal, e por isso podem levar mais informação.

ESFRIADORES
Computadores fazem calor. Uma das coisas mais difíceis de cuidar em um edifício cheio de computadores é deixá-lo frio. Muita da força que esses edifícios usam vai para os sopradores em cada sala, para os força-águas de esfriar que passam por cima e por baixo e para os grandes esfriadores do telhado que esfriam a água de esfriar.

CAMINHOS GELADOS E QUENTES
Os chãos são desenhados em fileiras, com caminhos gelados e caminhos quentes no meio. Os caminhos gelados ficam do lado em que os computadores puxam o ar e os caminhos quentes ficam do lado em que o ar é soprado dos computadores. Assim, os computadores não ficam soprando ar quente para outros computadores do lado em que estão puxando ar.

CAIXA MANDA-FORÇA
Estas caixas mandam força para cada fileira de computadores no chão.

ÁGUA-FOGO CAIXAS DA FORÇA

FICANDO LIGADO
As pessoas que cuidam de edifícios cheios de computadores são muito preocupadas com a falta de força. Geralmente têm muitas caixas da força para continuar funcionando algum tempo se a força cair, e algumas máquinas para queimar água-fogo e fazer força se a força ficar muito tempo desligada.

OLHA-FORÇA
Esta máquina decide onde conseguir a força para mandar para os andares de computadores. Se a força de fora cair, a máquina muda para usar as caixas da força sem que as coisas desliguem.

SALAS ESPECIAIS
Se você tiver seus computadores e porta-computadores, pode pagar por uma sala só sua. Você pode trazer os computadores que quiser e juntar com os sistemas do edifício.

SOM DE SOPRADOR
Edifícios cheios de computadores fazem barulho. A maior parte do barulho vem dos sopradores que deixam as peças frias.

MUDA-FORÇA
Edifícios cheios de computadores usam muita força, então o tipo de força que recebem da empresa de força não é a força que se usa em casa — esse tipo é muito difícil de mandar por um caminho comprido. Os edifícios recebem o tipo de força que passa pelos fios compridos que às vezes você vê pendurados em coisas de metal mais altas que as árvores. Estas caixas fazem essa força virar a força normal de que os computadores precisam. Elas deixam as coisas bem mais fáceis, a não ser quando explodem. Mas não é todo dia que explodem.

SALAS DE ENCONTRO
Às vezes, várias empresas têm computadores no mesmo edifício cheio de computadores e uma quer mandar coisas para a outra.

O normal é elas mandarem coisas do edifício para o mundo e pagarem para empresas de leva-informações levarem até os computadores da outra empresa — mesmo que os computadores estejam no mesmo lugar onde começou tudo. Alguns edifícios cheios de computadores têm uma sala onde duas empresas ou mais podem juntar seus computadores e uma divide as coisas com a outra sem que as coisas tenham que sair nem ter que pagar empresas de leva-informações.

BOLSA COM CONSERTA-PEÇAS
Os donos da sala deixam isso aqui.

TRANCAS
Edifícios cheios de computadores geralmente têm pelo menos duas portas com máquinas em que poucas pessoas podem entrar.

Pessoas que têm edifícios cheios de computadores se preocupam com isso porque, se alguém roubar coisas deles, ninguém mais vai querer deixar os computadores lá.

PEGA-PESSOAS
As pessoas têm que fechar a porta de fora antes de abrir a de dentro. Assim, não podem entrar atrás de você enquanto a porta está aberta.

CONFERE-DEDOS
Estas máquinas têm imagens das linhas dos dedos de todo mundo que pode entrar. Quando você toca, elas conferem as linhas do seu dedo e só abrem se as linhas disserem que você é uma das pessoas que pode entrar.

COMPUTADOR

Edifícios cheios de computadores usam um tipo especial de computador que se encaixa em um porta-computador, mais ou menos do tamanho da parte de trás de uma cadeira.

PORTA-COMPUTADOR

Edifícios cheios de computadores guardam todos os computadores nestes porta-computadores. Um porta-computador pode ter peças de computador de todo tipo; qualquer um pode colocar qualquer tipo de computador em qualquer edifício cheio deles.

MANDA-FORÇA
Tira força de fora e manda para várias partes do computador.

PALITOS DE MEMÓRIAS
Guardam coisas em que o computador está pensando, como informações que ele manda ou imagens que olha. Se o computador desliga, esta memória vai embora.

ATRÁS
Se você quer colocar um fio em um computador, geralmente você passa por um buraco aqui.

PONTO DE FALAR
Alguns espaços no porta-computador ficam com o ponto de falar, que é onde os fios de todos os outros computadores vão para falar com o mundo. Geralmente ficam em cima.

SOPRADORES
Sopram ar pelo computador para ele ficar frio. O ar sempre sopra da frente para trás, para o caminho quente.

SEGURA-CARTÃO
Tem espaços onde você pode colocar mais computadorezinhos de encaixar. Eles podem fazer coisas como conversar com outros computadores mais rápido que o normal ou fazer coisas especiais com números.

PORTA-INFORMAÇÕES
Estes computadores quase só têm memória. São feitos de um jeito para você poder tirar as caixas de informação enquanto o computador está funcionando e colocar novas. (Com tantos assim, eles quebram com frequência e você tem que fazer isso um monte de vezes.)

CAIXAS DE PENSAR
É o principal lugar onde o computador fica seguindo passos e passando números.

SEGURADORES
Juntam o computador ao porta-computador.

FRENTE
Esta peça geralmente tem luzes para dizer se o computador está funcionando e um adesivo com um nome ou desenho dizendo qual empresa fez a máquina. Já que você geralmente só vê isso porque está consertando um problema, o adesivo diz com quem você tem que se irritar.

CAIXAS DE INFORMAÇÃO
Estas caixas lembram coisas mesmo quando o computador desliga.

CAIXAS DE INFORMAÇÕES

ESPAÇOS VAZIOS PARA MAIS CAIXAS DE INFORMAÇÕES

PONTO DE FALAR
Muitos fios sobem aqui. Outros fios saem daqui para o mundo. Às vezes, para levar mais informação, estes fios são feitos de vidro e usam luz, não força.

GRUPOS DE MEMÓRIA
As caixas de memória em alguns computadores ficam juntas para que, se uma ou duas caixas quebrarem, as outras ainda tenham as coisas que estavam lembrando.

FIOS DE FORÇA
Cada computador tem dois fios de força, que parecem muito com os fios de informação. Se usassem os mesmos tipos de pontas para ligar no computador, daria *muito* problema, mas não usam.

COMPUTADORES NORMAIS
Estes computadores têm alguma memória, mas são principalmente para trabalhar e conversar com outros computadores. Se você recebe mensagem de alguém ou olha a página de alguém no Livro dos Rostos ou no Conversa de Passarinho, seu computador deve estar conversando com um destes.

FIOS DE INFORMAÇÃO
Cada computador geralmente tem três fios de informação diferentes. Um é para conversar com computadores que estão pelo mundo e outro para conversar com computadores no mesmo lugar, que são da mesma empresa. O terceiro é um sistema especial de edifícios cheios de computadores para fazer coisas como ligar e desligar o computador ou mudar a forma como ele funciona.

ENCRENCA À VISTA
Alguém vai cair e puxar isso aqui.

OUTRA ENCRENCA
Estes fios são muito confusos. Eles sempre começam simples e limpinhos. Aí, com o tempo, viram um monte de cores que não faz sentido nenhum.

OUTROS COMPUTADORES
Você pode trazer seus computadores e colocar no porta-computadores. Desde que pague pelo espaço e não quebre nada, os donos do edifício não se importam de que tipo é nem quantos anos seu computador tem.

OUTRA ENCRENCA
Alguém esqueceu os fios de força neste computador, e é por isso que seu telefone não funciona.

SOBE-RÁPIDO Nº 5 DO TIME DO ESPAÇO DOS ESTADOS UNIDOS

Este é o único barco-do-espaço que levou pessoas para outro mundo. As pessoas chegaram à Lua com ele seis vezes, todas mais ou menos meia centena de anos antes de este livro ser escrito.

Depois dessas visitas à Lua, paramos de usar estes barcos-do-espaço para ir a outros mundos. A última vez que o Time do Espaço dos Estados Unidos usou o barco foi para mandar a primeira casa do espaço.

Depois que as pessoas visitaram a casa algumas vezes, ela caiu. Pedacinhos dela caíram numa cidade pequena. A cidade mandou o Time do Espaço dos Estados Unidos pagar uma multa por jogar coisas no chão.

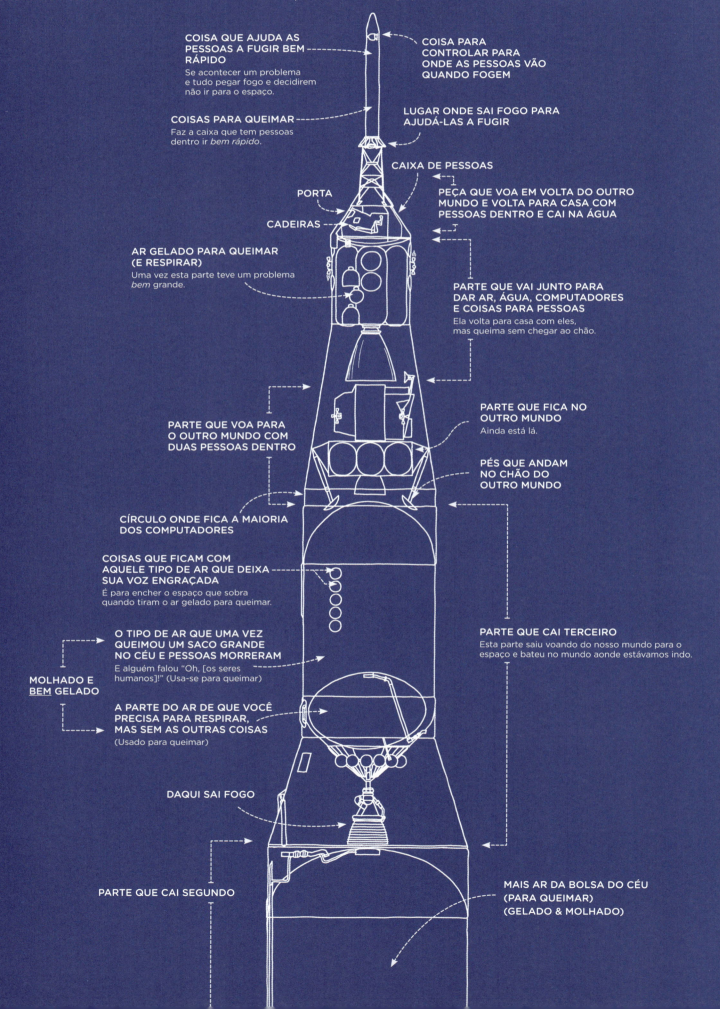

COISA QUE AJUDA AS PESSOAS A FUGIR BEM RÁPIDO
Se acontecer um problema e tudo pegar fogo e decidirem não ir para o espaço.

COISAS PARA QUEIMAR
Faz a caixa que tem pessoas dentro ir *bem rápido*.

PORTA

CADEIRAS

AR GELADO PARA QUEIMAR (E RESPIRAR)
Uma vez esta parte teve um problema *bem* grande.

PARTE QUE VOA PARA O OUTRO MUNDO COM DUAS PESSOAS DENTRO

CÍRCULO ONDE FICA A MAIORIA DOS COMPUTADORES

COISAS QUE FICAM COM AQUELE TIPO DE AR QUE DEIXA SUA VOZ ENGRAÇADA
É para encher o espaço que sobra quando tiram o ar gelado para queimar.

MOLHADO E BEM GELADO

O TIPO DE AR QUE UMA VEZ QUEIMOU UM SACO GRANDE NO CÉU E PESSOAS MORRERAM
E alguém falou "Oh, [os seres humanos]!" (Usa-se para queimar)

A PARTE DO AR DE QUE VOCÊ PRECISA PARA RESPIRAR, MAS SEM AS OUTRAS COISAS
(Usado para queimar)

DAQUI SAI FOGO

PARTE QUE CAI SEGUNDO

COISA PARA CONTROLAR PARA ONDE AS PESSOAS VÃO QUANDO FOGEM

LUGAR ONDE SAI FOGO PARA AJUDÁ-LAS A FUGIR

CAIXA DE PESSOAS

PEÇA QUE VOA EM VOLTA DO OUTRO MUNDO E VOLTA PARA CASA COM PESSOAS DENTRO E CAI NA ÁGUA

PARTE QUE VAI JUNTO PARA DAR AR, ÁGUA, COMPUTADORES E COISAS PARA PESSOAS
Ela volta para casa com eles, mas queima sem chegar ao chão.

PARTE QUE FICA NO OUTRO MUNDO
Ainda está lá.

PÉS QUE ANDAM NO CHÃO DO OUTRO MUNDO

PARTE QUE CAI TERCEIRO
Esta parte saiu voando do nosso mundo para o espaço e bateu no mundo aonde estávamos indo.

MAIS AR DA BOLSA DO CÉU (PARA QUEIMAR) (GELADO & MOLHADO)

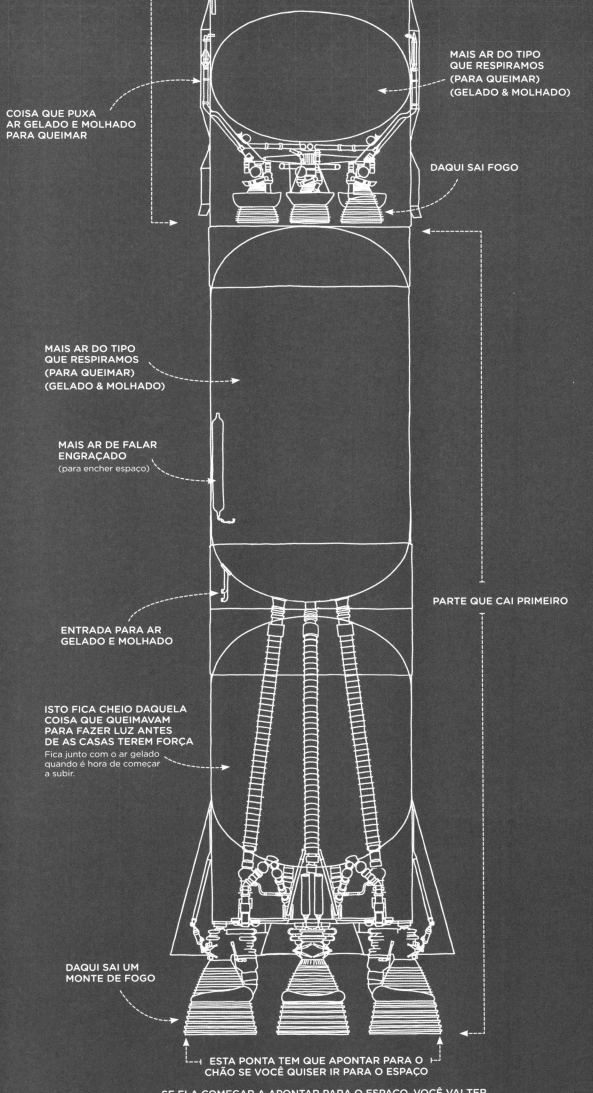

MEXE-BARCO-DO-CÉU

Barcos-do-céu, como carros e barcos do mar, mexem com máquinas que queimam água-fogo. A água-fogo precisa de ar para queimar, e os mexe-barcos-do-céu usam sopradores especiais que usam o ar pelo qual esses barcos passam para fazer mais fogo.

A maioria das máquinas que queima água-fogo usa quatro passos: **Primeiro**, puxar ar. **Segundo**, forçar o ar a ficar junto. **Terceiro**, queimar água-fogo nesse ar, que aquece e fica maior. **Por último**, usar este ar que cresceu para empurrar alguma coisa.

Os empurra-barcos-do-céu usam a força do ar quente de dois jeitos: deixam ela sair voando por trás, empurrando como um barco-do-espaço, mas também usam para girar seus sopradores, puxando mais ar para continuarem funcionando.

TIPOS DE MEXE-BARCOS-DO-CÉU

Tanto os barcos-do-céu pequenos como grandes funcionam empurrando o ar, mas cada barco-do-céu empurra de um jeito.

MEXEDOR SIMPLES
São legais de brincar, mas, se você tentar fazer qualquer tipo de barco se mexer com eles, seus braços vão se cansar.

MEXEDOR COM FORÇA
São ainda mais legais de brincar (mas é melhor colocá-los antes num barco-do-céu).

MEXEDOR COM FOGO
São usados para mexer barcos rápidos, do tipo que lutam nas guerras. Eles andam rápido, mas usam mais água-fogo que outros tipos.

MEXEDOR COM FORÇA DE FOGO
São como os mexedores com fogo, mas com um soprador grande na frente. Este mexedor é muito bom se você não quiser ir rápido. Faz muito barulho.

MEXEDOR DE BARCOS-DO-CÉU GRANDES
São tipo mexedores com força de fogo, mas têm uma parede em volta de tudo para controlar como o ar passa.

Só funcionam direito quando você vai mais lento que o som, e por isso que quase nenhum barco do céu é mais rápido que o som.

COMO FUNCIONAM?

Para entender como os mexedores que empurram ar funcionam, é bom começar olhando estes empurra-espaços.

Para fazer fogo, você precisa de ar e de alguma coisa que queime. Barcos-do-céu colocam água-fogo e ar em um espacinho que é aberto de um lado. Aí a água e o ar pegam fogo. O fogo estoura, sai pelo buraco e mexe o barco.

Como não existe ar no espaço, mas o fogo precisa de ar, os barcos-do-espaço têm que levar ar. Os barcos-do-céu podem usar o ar à sua volta, então só precisam levar água-fogo. Eles podem pegar o ar, colocar água-fogo nele e queimar.

Você pode deixar o mexedor melhor usando um soprador na frente para empurrar mais ar na sala de queimar. Com mais ar, o fogo pode queimar mais rápido e mais quente.

O soprador da frente precisa de força para funcionar. Você consegue essa força queimando água-fogo em outra máquina e passando força para o soprador com fios de força. Mas é melhor usar só um pouco de força do fogo que você já está fazendo.

Se você colocar um soprador atrás, no caminho do fogo, ele pode girar um palito que gira o soprador na frente. Este soprador diminui a velocidade do ar que está queimando para ele não mexer você também. Mas o soprador faz o fogo funcionar tão melhor que vale muito a pena.

Existe uma última ideia que faz tudo funcionar melhor. Em vez de só usar o ar quente para dar força para os sopradores que empurram o ar na sala de queimar, você também pode usar o ar para dar força para um grande soprador.

Esse grande soprador (que às vezes tem uma parede em volta) é o que mexe mesmo o barco-do-céu. Quando você coloca este soprador, todas as outras peças só existem para juntar um monte de ar, começar fogo e fazer força.

PERAÍ!

Uma das coisas que muitas pessoas perguntam é: "Como que a força do fogo sabe sair por trás? Por que ela não empurra os sopradores na frente do mesmo jeito, e os faz diminuírem a velocidade?"

A resposta é que a forma da sala e o tamanho dos sopradores fazem a saída mais fácil ser por trás. O fogo só tem que passar por alguns sopradores pelo caminho.

PASSO UM: PEGAR AR
O ar entra por este lado, o primeiro passo para fazer força.

PASSO DOIS: EMPURRAR
Estes sopradores empurram o ar para um espaço cada vez menor, que ajuda o fogo a queimar mais rápido e mais quente.

PASSO TRÊS: QUEIMAR
O ar dos mexedores entra nesta sala de queimar, onde pinguinhos de água-fogo são jogados nele e pegam fogo.

A água-fogo e o ar ficam quentes e explodem. As paredes fazem ser difícil explodir em qualquer direção a não ser para trás, então é por lá que sai o ar que queima.

PASSO QUATRO: FAZER FORÇA
A força do ar saindo já ajudaria a empurrar o barco-do-céu, mas os mexe-barcos-do-céu fazem uma coisa mais legal: colocam mais sopradores no caminho do ar. Em vez de ligar estes sopradores para forçar o ar, deixam o *ar* ligar os *sopradores*. Os sopradores giram o palito no meio do mexedor, que gira todos os sopradores no começo, dando força para a máquina.

Parece que não vai funcionar, já que se usa um soprador para dar força a outro soprador. Mas a força vem da água-fogo queimando, que faz força para sair. Estes sopradores são só um jeito legal de usar um pouco daquele fogo para a máquina continuar funcionando.

PARA-COISAS
Se tem coisas no ar, como palitos ou pedras, elas são forçadas a ir por aqui para não estragar os sopradores.

PONTA
Esta coisa ajuda a forçar o ar a ficar junto antes de entrar.

GRANDE SOPRADOR
O fogo atrás gira este soprador grande usando o palito do meio. Este soprador é o que faz a maior parte do trabalho de mexer um barco-do-céu grande; o resto só está ali para dobrar.

Nem todos os barcos do céu têm um soprador grande como este. Alguns usam só o ar quente, que funciona bem para barcos bem rápidos. Mas, para barcos que andam mais lentos que o som, descobrimos que usar o ar quente para dar força a sopradores grandes precisa de menos água-fogo do que usar o próprio ar como mexedor.

PARA-GIRO
Os sopradores que forçam o ar a ficar junto funcionam por giro. Mas, como todos giram na mesma direção, podem fazer o ar começar a girar ao invés de ir para a sala de queimar. Para isso não acontecer, tem asinhas entre cada soprador para fazer o rio de ar ir reto e não deixá-lo rodar muito.

FAZ-FORÇA
Esta máquina usa o palito de girar para fazer um pouco mais de força para o resto do barco-do-céu usar (para coisas como luzes e computadores).

PEGA-AR
O ar no alto é muito fino para respirar. Esta coisa pega parte do ar que os sopradores juntou e manda para dentro do barco-do-céu para as pessoas respirarem.

LEVA-ÁGUA-FOGO
Levam água-fogo para a sala de queimar.

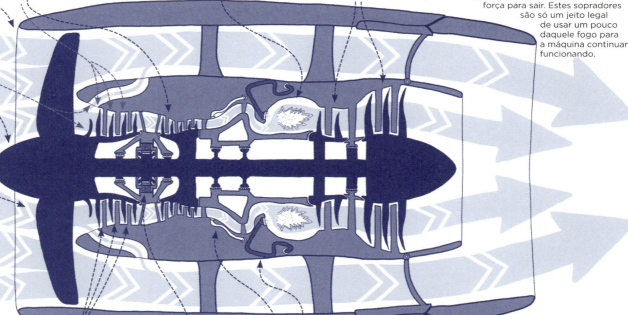

MEXEDOR DE TRÁS
Se o barco-do-céu precisar parar, ele pode usar estas portas para mandar o ar para fora pelos lados e pela frente, o que faz o barco ser forçado para trás e não para frente.

COISAS EM QUE SE TOCA PARA FAZER O BARCO-DO-CÉU VOAR

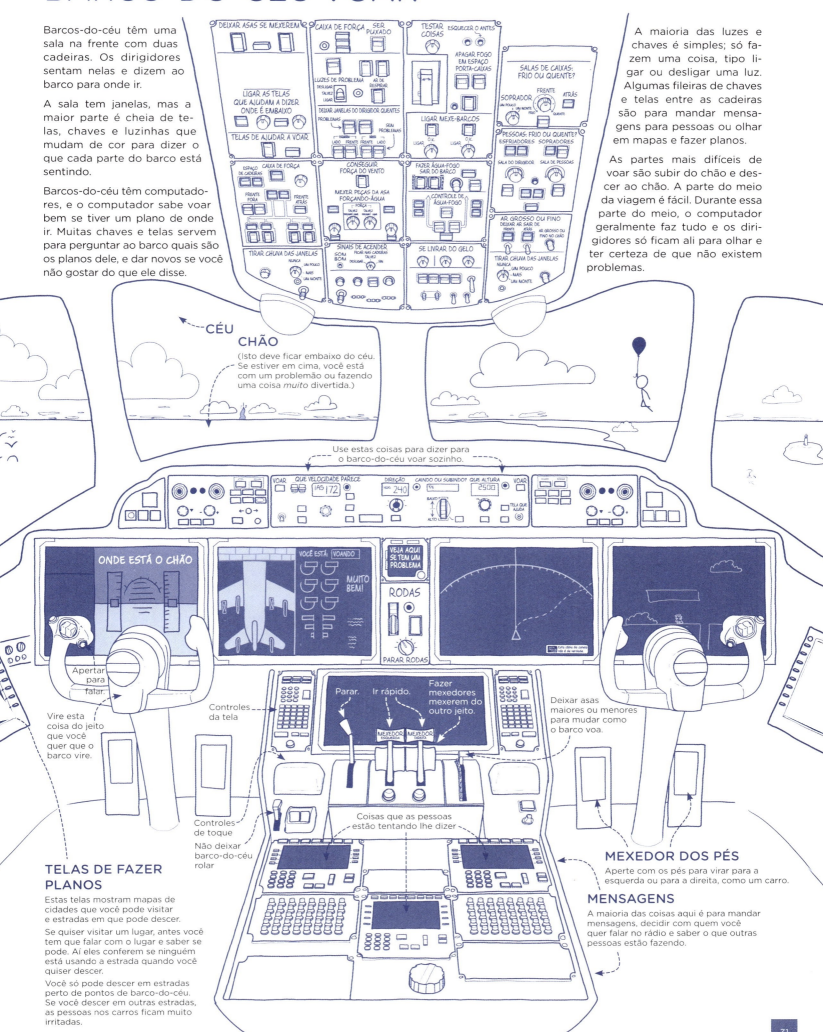

Barcos-do-céu têm uma sala na frente com duas cadeiras. Os dirigidores sentam nelas e dizem ao barco para onde ir.

A sala tem janelas, mas a maior parte é cheia de telas, chaves e luzinhas que mudam de cor para dizer o que cada parte do barco está sentindo.

Barcos-do-céu têm computadores, e o computador sabe voar bem se tiver um plano de onde ir. Muitas chaves e telas servem para perguntar ao barco quais são os planos dele, e dar novos se você não gostar do que ele disse.

A maioria das luzes e chaves é simples; só fazem uma coisa, tipo ligar ou desligar uma luz. Algumas fileiras de chaves e telas entre as cadeiras são para mandar mensagens para pessoas ou olhar em mapas e fazer planos.

As partes mais difíceis de voar são subir do chão e descer ao chão. A parte do meio da viagem é fácil. Durante essa parte do meio, o computador geralmente faz tudo e os dirigidores só ficam ali para olhar e ter certeza de que não existem problemas.

TELAS DE FAZER PLANOS

Estas telas mostram mapas de cidades que você pode visitar e estradas em que pode descer.

Se quiser visitar um lugar, antes você tem que falar com o lugar e saber se pode. Aí eles conferem se ninguém está usando a estrada quando você quiser descer.

Você só pode descer em estradas perto de pontos de barco-do-céu. Se você descer em outras estradas, as pessoas nos carros ficam muito irritadas.

MEXEDOR DOS PÉS

Aperte com os pés para virar para a esquerda ou para a direita, como um carro.

MENSAGENS

A maioria das coisas aqui é para mandar mensagens, decidir com quem você quer falar no rádio e saber o que outras pessoas estão fazendo.

BATE-COISINHAS GIGANTE

Bate-coisinhas gigantes são máquinas que fazem coisinhas se baterem bem rápido. Para explicar por que alguém ia querer uma coisa dessas, você pode pensar em uma história sobre barcos.

Você e alguns amigos estão em um barco no mar. O mar está cheio de nuvens, então você não consegue ver. Você acha que tem água — mas o que tem *dentro* da água? Gelo? Peixões cheios de dentes? Ou é um mar de cerveja e não de água? Ou de areia? Ou de bolinhas de plástico?

Para saber o que tem no mar, você pode jogar coisas lá e ver o que volta. Se jogar uma coisa pesada, pode ser que pingos de água subam. Se jogar uma coisa com força, a onda pode jogar um pedaço de gelo no ar. Você vai aprender muito assim!

Agora, pense que você sente seu barco se mexendo. Você não tem lençóis de vento, então não sabe por que se mexe.

Você e seus amigos também percebem que às vezes ouvem sons estranhos do lado do barco. Depois de pensar nisso, você e seus amigos decidem que talvez o barco esteja sendo empurrado por peixões que mordem batendo no lado. Então você tem uma ideia: se jogar uma coisa bem pesada no mar, ela vai jogar uma bolona de água e dentro vai ter um peixão que morde.

Mas, para ter uma chance de levantar o peixe para você ver, é preciso construir uma coisa que bate na água *muito* forte. Para fazer isso, você precisa de muito trabalho (e dinheiro). Mas, se você e seus amigos acham que isso pode dar respostas sobre o que acontece na água, talvez seja bom tentar a sorte.

BATE-COISINHAS GIGANTE
O Bate-Coisinhas Gigante é o maior e mais forte bate-coisinhas gigante que já se construiu. É do tamanho de uma cidade, e a maior parte fica embaixo do chão.

COMO SE APRENDE COM ELE?
Esta máquina funciona jogando pedacinhos de ar por um corredor para eles se baterem bem forte. O ar bate com tanta força que os pedacinhos se quebram de um jeito estranho, como se a máquina sacudisse o ar — e o espaço — tão forte que as coisas caíssem.

A maioria dessas pecinhas dura menos de um segundo, enquanto o espaço está sendo sacudido bem forte, e some tão rápido quanto aparece. Mas, quando olhamos o que sai voando do lugar onde o ar bateu, podemos descobrir o que conseguimos com as sacudidas.

POR QUE CONSTRUÍMOS O BATE-COISINHAS?
Somos como barcos, tentando entender o espaço em volta do qual andamos. Não conseguimos ver esse espaço. Mas, se batermos com bastante força, saem voando pecinhas que nos dizem alguma coisa.

Estas máquinas nos ajudaram a descobrir mais sobre o espaço, o tempo e do que as coisas são feitas. Construímos esse bate-coisinhas para tentar entender nossas novas ideias — que têm a ver com o que essas pecinhas são feitas, como uma empurra a outra e por que as coisas têm peso.

POR QUE FICA EMBAIXO DO CHÃO?
O espaço está em tudo, então podemos fazer o bate-coisinhas onde quisermos. Colocar o bate-coisinhas embaixo do chão o deixa em segurança contra coisas — tipo brilho de luz do espaço — que podiam deixar mais difícil ver o que acontece.

COMEÇO
O ar começa aqui, em uma garrafa, e é empurrado por este corredor para andar rápido.

COMO SE EMPURRA O AR?
Os bate-coisinhas usam um tipo de ar que pode ser empurrado por fios de força ou por aquele tipo de metal de puxar coisas que se usa para prender imagens na caixa fria da cozinha. Os giradores são construídos para empurrar o ar com essa força.

CÍRCULOS RÁPIDOS
Do primeiro caminho, o ar é mandado para estes caminhos que fazem um círculo. Enquanto ele está ali, eles empurram o ar cada vez mais rápido.

NÃO TÃO FUNDO
Aqui parece mais fundo do que é mesmo, para ficar mais fácil de ver. Na verdade, é fundo como um edifício alto, mas grande como uma cidade grande.

PORTAS

SALAS QUE SOBEM

DESCENDO
Depois de passar pelos círculos do alto, o ar desce embaixo do chão para os grandes círculos.

CÍRCULO RÁPIDO
Os pedacinhos de ar voam por este caminho quase na velocidade da luz.

POR QUE É TÃO GRANDE
O caminho é muito grande; você levaria o dia inteiro para caminhar em volta. Tem que ser grande porque o ar anda tão rápido que, se deixarem menor, eles não iam conseguir girar tão rápido para ficar dentro do caminho. Aí o ar ia bater na parede e fazer tudo explodir.

SALA DE PROBLEMAS
O ar que voa leva um monte de força. Se as pessoas precisarem desligar a máquina e não tiverem tempo para deixar o ar baixar a velocidade, mandam o ar para esta sala gigante de pedra. O ar bate na pedra e aquece, mas não estraga nada.

UM BURACO DE BOLSA DE AR

Estas linhas são os caminhos que as coisinhas fazem voando na água. Algumas fazem círculos porque têm um campo de mexe-mexe que faz as pecinhas voadoras girarem. Ver quanto elas viram nos ajuda a dizer o que são.

CORREDORES
O ar voa por estes caminhos, um em cada direção. Para o rápido não bater no outro ar e perder velocidade, os caminhos fazem todo o ar sair antes de ligarem a máquina. Os corredores desta máquina são mais vazios do que qualquer lugar perto de qualquer dos mundos em volta do Sol.

GIRADORES
Esta máquina faz a força que mantém o ar no meio do caminho e a obriga a passar por um círculo. Funciona rodando força por um metal muito, muito gelado. O metal gelado deixa a força passar muito rápido, e essa força empurra forte o ar.

SALAS DE BATER
São salas em volta do caminho onde as pessoas podem fazer o ar que vai para um lado bater no ar que vai para o outro. Quando bate, as máquinas nestas salas olham o que sai voando.

BOLSAS DE AR E NUVENS
Nesta máquina, as pessoas ficam olhando pecinhas que voam usando folhas de sente-coisas controladas por computador. Mas, nas máquinas mais velhas, usavam coisas estranhas, como buracos de bolsas de ar e caixas de nuvem.

Buracos de bolsa de ar são grandes buracos com água muito quente, que quase vira ar. Quando um pedacinho voa pelo buraco, faz bolsinhas de água virarem ar e começarem a crescer. Cada coisa que passa por ali deixa um rastro de bolsas de ar para trás, e elas fazem imagens muito bonitas.

Caixas de nuvens são como buracos de bolsa de ar, mas, ao invés de água quase virando ar, é ar quase virando água. Quando as coisas passam voando, elas deixam uma linha de pingos de água no ar.

Você pode construir uma destas caixas de nuvem na sua casa e ver as linhas que as coisinhas deixam no espaço! (Ou do metal pesado, se você tiver — e não deveria, eu acho.)

METAL GELADO
Este metal aqui só é um pouco mais quente que o mais gelado que uma coisa pode ser.

AR SAINDO POR UM LADO
DENTRO DE UM CORREDOR
AR SAINDO PELO OUTRO LADO

AR DE GELAR
A parte de fora do leva-ar tem uma camada de ar bem fria para virar água. (Eles usam o tipo de ar que deixa sua voz engraçada.)

LUZ ATRAVÉS DA TERRA
Ao fazer as pecinhas se baterem, este bate-coisinhas faz muitas coisas estranhas. Uma dessas coisas é parecida com luz, mas que passa por quase tudo sem tocar.

Tem um edifício em outra parte do mundo onde existem máquinas para olhar essa luz e saber mais dela.

Para mandar luz para o edifício, eles só apontam para lá — e a luz atravessa a Terra. Ela é tão boa em passar pelas coisas que mal vê a Terra.

CAIXAS DE FORÇA

É difícil entender como as caixas de força funcionam, porque são cheias de água e metal que fazem coisinhas muito pequenas para se ver. As ideias das nossas vidas normais não ajudam muito a entender o que elas fazem.

Para tentar explicar como elas funcionam, temos que inventar ideias novas. Essas ideias não são de verdade — não podemos ver as coisas "de verdade" —, mas podem dar uma boa ideia de como elas funcionam.

Muita coisa se aprende desse jeito. As ideias nesta página ficam longe do "de verdade", mas acho que ajudam a explicar um pouco de como as caixas de força funcionam.

IDEIAS PARA PENSAR EM CAIXAS DE FORÇA

Uma caixa de força tem dois lados: um que tem um come-leva-força e outro que tem um faz-leva-força. Entre eles tem uma parede que deixa os leva-forças passarem. O faz-leva-força faz leva-forças que cobrem o come-leva-força. Mas comer leva-forças deixa pedacinhos de força no come-leva-força, e não se pode ter muitos pedacinhos de força juntos porque um pedacinho manda o outro para longe. É por isso que o come-leva-força não consegue comer muitos leva-forças.

- PEDACINHO DE FORÇA
- LEVA-FORÇA
- FORÇA (dentro de leva-força)

FAZ-LEVA-FORÇA
Este metal quer ficar sem leva-forças. Se um pedacinho de força ficar dentro do metal, ele vai mandar embora em um leva-força feito da sua pele.

COME-LEVA-FORÇA
Este metal quer ser coberto de leva-forças. Ele agarra quando chegam perto, gruda-os na sua pele e a força do leva-força vai para dentro dele.

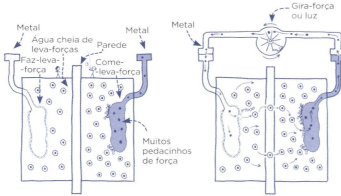
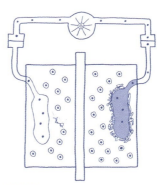

CHEIA
Tem uma parede entre os dois lados da caixa de força. Essa parede deixa os leva-forças passarem, mas não pedacinhos de força. Ela também não deixa o come-leva-força e o faz-leva-força se tocarem, porque isso faria todos os leva-forças irem para o come-leva-força e não mandaria força para lugar nenhum.

Outros pedacinhos de força se juntam no come-leva-força, mas no início não podem ir a lugar nenhum.

FUNCIONANDO
Quando você junta os dois lados com um palito de metal, os pedacinhos de força podem ir do come-leva-força para o faz-leva-força.

Se você colocar uma máquina no meio — como uma luz ou um gira-força —, eles podem fazê-la funcionar, como a água mexendo uma roda de água.

Quando os pedacinhos de força chegam ao faz-leva-força, ele os usa para fazer novos leva-força.

VAZIA
Depois de um tempo, o come-leva-força fica coberto de leva-forças vazios e o faz-leva-força fica gasto. Não sobra nada para mexer os pedacinhos de força pelo caminho de metal; a caixa de força morreu.

Em algumas caixas de força, você pode girar a roda e mandar força de volta. Isso faz a caixa de força encher de novo.

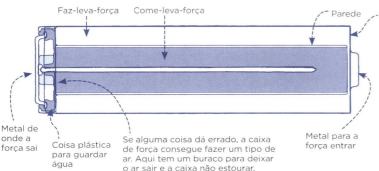

CAIXINHA DA FORÇA
Este tipo de caixa de força é usado em muitos edifícios. Ela dá força para luzes de mão, cortador de cabelo do rosto e coisas que as crianças brincam.

Neste tipo de caixa de força, o come-leva-força e o faz-leva-força são de metais diferentes. A coisa no meio é água com uma coisa branca na qual os leva-forças se mexem. Se a caixa de força quebra, essa coisa pode sair. Não se preocupe, é tranquilo de limpar; não faz mal para a pele.

Todas as caixas de força ficam sem força depois de um tempo. Em alguns tipos, você pode colocar força de volta e usar várias vezes, mas não dá para fazer isso com o tipo que aparece aqui.

VOCÊ PODE DEIXAR ESTAS CAÍREM PARA VER SE MORRERAM
O come-leva-força nestas caixas é feito de pó de metal. Quando fica coberto de leva-forças, ele fica mais forte e se gruda, então o pó não se mexe. Por isso, quando você solta estas caixas de força no chão, elas pulam de volta se estiverem mortas. As cheias chegam ao chão e param.

CAIXA DE FORÇA DE COMPUTADOR DE MÃO
Estas caixas de força têm mais força para seu tamanho do que outras. Foram feitas primeiro para máquinas força-ajuda no peito das pessoas. Essas máquinas precisam de bastante força, já que as pessoas não gostam se ela perder a força muitas vezes.

Quando começamos a fazer muitos computadores de mão, ficamos melhores em fazer estas caixas de força, já que muitas pessoas queriam que seus computadores funcionassem o dia inteiro sem ter que tirar força da parede.

Claro que as pessoas também queriam que os corações funcionassem, mas existem mais pessoas com computadores de mão do que com caixas no coração.

METAL LEVE
Nestas caixas de força, o come-leva-força e o faz-leva-força são feitos de metais bem leves. Para fazer esse tipo de come e faz-leva-força funcionarem juntos, elas ficam em folhas que quase se tocam, como duas folhas compridas de papel esticadas e depois enroladas.

CAIXA DE FORÇA DE CARRO
Estas caixas de força são usadas em carros. Elas usam dois tipos de metal pesado como come-leva-força e faz-leva-força, e por isso são tão pesadas.

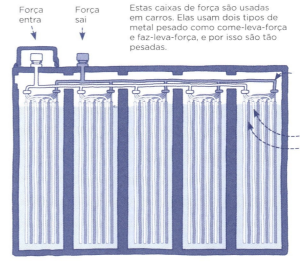

A água entre os dois lados, cheia de leva-forças, pode queimar sua pele.

O faz-leva-força e o come-leva-força são dois tipos de metal, mas tem algo de estranho nesta caixa de força: quando o come-leva-força fica coberto de leva-forças, e o faz-leva-força os faz, os dois viram o *mesmo* tipo de metal.

BARCO-CIDADE QUE FAZ BURACOS

Bem fundo na Terra, existem buracos cheios de água-fogo e de ar-fogo que servem para dar força para carros e barcos-do-céu. Alguns desses buracos ficam embaixo do chão e nós damos duro para tirar a água-fogo de lá.

Muitos desses buracos ficam embaixo do chão do mar. É difícil chegar lá, mas, como dá para vender as coisas dentro deles por muito dinheiro, as pessoas constroem grandes barcos-cidade no mundo todo para tentar.

É fácil se machucar trabalhando num barco-cidade. Máquinas grandes mexem pedaços de metal bem grandes o tempo todo, e as pessoas trabalham em cima da água. E o sentido de a cidade existir é pegar coisas que queimam, então às vezes essas cidades pegam fogo.

Quem trabalha em barcos-cidade passa metade da vida no barco e metade em terra. Geralmente passam semanas fora do barco. Quando estão no barco, passam metade das horas lá trabalhando.

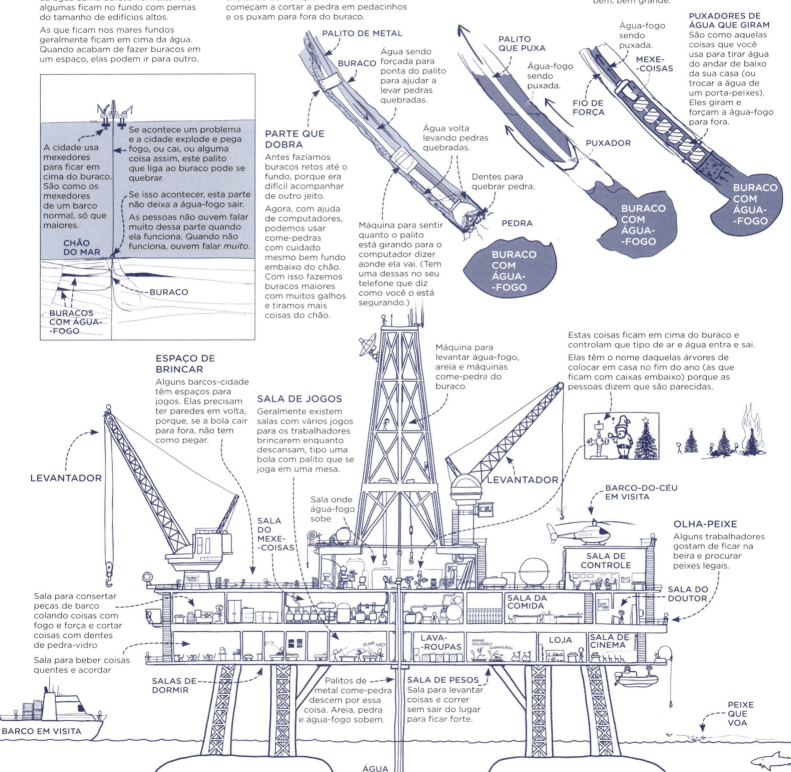

COISAS NA TERRA QUE PODEMOS QUEIMAR

Quase todas as coisas vivas tiram força do Sol. Algumas coisas vivas tiram força direto da luz do Sol — como as árvores e as coisas que crescem no mar. A maioria das coisas vivas que não come luz do Sol come outras coisas vivas para pegar a força *delas*. No fim das contas, a força vem do Sol.

Quando as coisas morrem, parte dessa força fica nos seus restos, e é por isso que você consegue força queimando árvores mortas.

Às vezes, se as coisas mortas não queimam nem são comidas, entram no chão com aquela força ainda dentro. Depois de bastante tempo, com o peso e o calor da Terra, grandes números desses restos podem virar outros tipos de pedra, água ou ar... mas, mesmo quando viram, ainda ficam a força. Quando achamos esses restos, podemos queimar e conseguir toda a força — que foi tirada do Sol durante muito tempo — de uma vez só.

Quando começamos a construir máquinas com a força do fogo, queimamos madeira de florestas do nosso tempo. Quando acabaram, começamos a queimar florestas de antes. Um dia elas também vão acabar e vamos ter que buscar força de outro lugar — tipo direto do Sol ou do calor da Terra.

Mas talvez tenhamos que mudar o tipo de força que usamos logo, antes de acabar de queimar todas as coisas do chão. Descobrimos que queimar essas coisas muda nosso ar, de um jeito que deixa o mundo mais quente. Se usarmos tudo de pedras pretas, água-fogo e ar-fogo, o problema que isso vai dar pode ser muito grande para nós.

COMO TIRAMOS PEDRAS PRETAS DO CHÃO

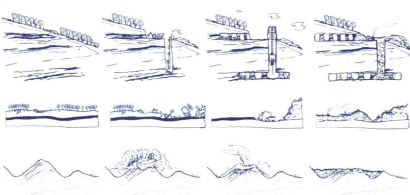

FAZEM ISSO NAS MONTANHAS PERTO DE ONDE EU BRINCAVA QUANDO ERA PEQUENO.

Se as pedras não estiverem muito fundo, podemos fazer buracos embaixo do chão e levar com máquinas. Antes, era assim que pegávamos a maior parte das pedras que queimamos.

Quando construímos máquinas mexe-terra maiores, aprendemos a tirar todas as árvores e a terra do caminho para pegar as pedras.

Algumas pedras ficam dentro de montanhas, então algumas empresas começaram a estourar o alto das montanhas para poder tirar as pedras de uma forma mais fácil.

COMO TIRAMOS ÁGUA-FOGO E AR-FOGO DO CHÃO

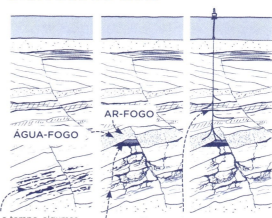

Com o tempo, algumas coisas mortas viram água-fogo e ar-fogo.

Os dois são mais leves que pedras, e sobem por buraquinhos. Quando chegam a uma pedra sem buracos, eles formam buracos, com o ar mais leve em cima.

Fazemos buracos procurando lugares onde morreram várias coisas. Quando encontramos um buraco, colocamos um palito lá dentro e puxamos todo o ar-fogo e a água-fogo.

Esse tipo de trabalho deixa buracos cheios de metal pesado e tipos estranhos de água usados para tirar as pedras pretas. Às vezes você percebe as cores fortes destes buracos bem do alto. Quando as empresas acabam de fazer buracos, geralmente deixam buracões. As pessoas andam preocupadas que as coisas nesses buracões possam nos fazer mal. Às vezes passarinhos descem nos buracões e morrem.

PEDRAS PRETAS

BURACOS

Um motivo para fazer buracos que dobram é chegar embaixo das cidades sem incomodar pessoas.

COISA BRANCA

Isso é coisa branca, do tipo que as pessoas colocam na comida para ficar melhor (mas geralmente as pessoas conseguem o tipo que se come secando água do mar). Fazemos buracos como este para tirar a coisa branca, depois colocamos nas estradas para nos livrar de neve e gelo.

Às vezes usamos os espaços que deixamos por trás para guardar coisas, como água-fogo ou ar-fogo que queremos guardar para queimar depois.

Camadas de pedra de tempos diferentes

BURACOS

ÁGUA-FOGO

Lugares onde o chão quebrou

FUNDO QUANTO?

Só conseguimos tirar pedras pretas de uma forma fácil se elas não estiverem muito fundo no chão. O maior problema é que, no fundo da Terra, as pedras são mais quentes. É difícil tirar muita pedra do chão. Se as pedras estiverem muito quentes, fica tão difícil que não vale a pena.

Existem outros problemas. É preciso cortar grandes salas no chão para tirar as pedras pretas, e é difícil segurar o teto quando tem muitas pedras em cima. Às vezes o teto cai e pessoas morrem.

FORMA ESTRANHA

Quando um mar seca, ele deixa um monte dessa coisa branca. Às vezes, essa coisa fica coberta de areia e sujeira.

Quando as camadas embaixo da coisa branca ficam pesadas, a coisa branca pode começar a subir e forçar as camadas de cima. Parecem pingos de tinta caindo do telhado, mas subindo.

BURACOS FUNDOS

Conseguimos tirar água-fogo e ar-fogo de lugares mais fundos do que aqueles em que pegamos pedras pretas. Já que os dois formam buracos e conseguem passar fácil por furinhos, só precisamos fazer um buraquinho bem fino para tirar, ao invés de mexer em toda a pedra em volta.

ÁGUA-FOGO

AR-FOGO (em cima da água-fogo)

QUEBRA-PEDRAS

É cada vez mais difícil encontrar buracos com água-fogo grandes e fáceis de alcançar, então temos tentado novas ideias para tirá-la do chão. Descobrimos que, às vezes, a pedra tem água-fogo ou ar que você pode queimar preso nela. Para tirar, forçamos água no chão com tanta força que as pedras quebram. Depois forçamos pedrinhas ou vidro para deixar a parte quebrada aberta. A água-fogo e o ar-fogo saem por essas partes abertas.

Com tantos buracos na pedra, pode acontecer de, quando bebermos água, também beber essa coisa que se usa para tirar água-fogo. É que pode vir de tudo por esses buracos novos na pedra.

BURACOS MUITO FUNDOS

35

ESTRADAS ALTAS

A Terra puxa as pessoas para o chão. Gostamos de andar por aí, mas às vezes o chão vai para lugares que não queremos ir, tipo embaixo de um rio ou em um buraco fundo. Não conseguimos passar por esses lugares porque temos que seguir o chão.

(Passarinhos não, já que eles conseguem voar empurrando o ar. Uma vez alguém em um filme disse: "Se passarinhos voam no céu, por que eu não?". A resposta é: "Porque você é muito grande e não tem asas".)

Se quisermos ir a um lugar, podemos fazer uma estrada que passa por cima, bem longe do chão. Fazer estradas curtas sobre buracos e rios é bem fácil, mas fazer as compridas pode ser bem difícil.

BURACO

Às vezes você quer caminhar até um lugar, mas não quer ir aonde o chão vai.

ESTRADA

Se o buraco for pequeno, você pode colocar uma prancha sobre o buraco para fazer uma estrada nova. Aí você caminha em cima da prancha.

ESTRADA COMPRIDA

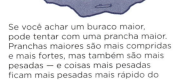

Se você achar um buraco maior, pode tentar com uma prancha maior. Pranchas maiores são mais compridas e mais fortes, mas também são mais pesadas — e coisas mais pesadas ficam mais pesadas mais rápido do que ficam mais fortes.

ESTRADA MAIS COMPRIDA

Todas as pranchas dobram um pouco, e as pranchas mais compridas dobram mais. Uma prancha comprida quebra com o seu peso. Uma prancha bem comprida quebra com o peso *dela*.

ESTRADA QUE DOBRA

Você pode atravessar um buraco maior com uma estrada que possa dobrar. Se você amarrar várias pranchinhas e deixar pendurada, dobrar não vai fazer mal, e assim ela vai segurar mais peso.

Este tipo de estrada fica mais forte quanto mais você a deixa pendurada, mas também fica mais difícil caminhar em cima. Se cair *demais*, é quase a mesma coisa que caminhar para dentro de um buraco.

ESTRADA GROSSA

Você pode atravessar um buraco maior se fizer a prancha mais grossa. Coisas mais grossas são mais difíceis de dobrar, então esse tipo de estrada é mais forte.

ESTRADA ALTA

Pode parecer que faria mais sentido colocar a parte mais grossa embaixo da estrada, porque ela "segura" a estrada e geralmente seguramos as coisas por baixo.

Mas, se ela é forte principalmente por ser grossa, então funciona do mesmo jeito se você colocar a grossura em cima da estrada.

ESTRADA PENDURADA EMBAIXO DE UMA FORMA MAIS FORTE

Já que todas essas coisas que você está colocando existem para deixar a estrada para cima, elas não precisam ficar perto da estrada. Você pode fazer um pedaço de metal forte que passa bem acima do buraco — que dá uma forma mais forte, mas seria mais difícil de caminhar se a estrada fosse por ali — e depois usar fios de metal fortes para pendurar a estrada reta embaixo.

PROBLEMAS DE ESTRADAS PENDURADAS

Quando for pendurar uma estrada, você precisa ter muito cuidado. Estas estradas altas não deixam que o puxar da Terra — sempre para baixo — mexa com elas, mas o vento pode fazer a estrada balançar para os lados.

Algumas estradas caíram porque quem construiu não entendia bem os ventos.

ESTRADA PENDURADA COM PALITOS

Outro jeito de segurar uma estrada é construir palitos bem fortes, depois pendurar a estrada nas pontas de cima dos palitos. Os fios precisam ser um pouco mais fortes que os fios na outra estrada de pendurar, e os palitos precisam ser *bem* fortes. Por outro lado, são só dois palitos, então é mais fácil de construir.

Fio forte
Fios menores

ESTRADA MUITO ALTA

ESTE É O MELHOR TIPO DE ESTRADA ALTA.

Isso não é verdade. Existem estradas altas boas para várias coisas. Mas, muitas vezes, quando você precisa atravessar um buraco grande, este tipo de forma deixa sua estrada chegar mais longe do que outras formas.

ESTRADAS ALTAS EM OUTROS MUNDOS

Uma pessoa que sabia muita coisa (ele era conhecido por chamar a Terra de "pontinho azul") disse uma vez, em um livro, uma coisa interessante sobre estas estradas altas.

Ele falou que tudo na forma das estradas muito altas é decidido pelas leis do espaço e do tempo — as leis que dizem como o peso de um mundo puxa as coisas — e que estas leis não são as mesmas em todo lugar.

Isso quer dizer que, se tiver vida em outros mundos, a forma da estrada que funciona melhor para eles deveria ser a mesma que funciona melhor para nós. Nossas estradas altas podem parecer as que eles conhecem.

Talvez isso seja verdade; talvez não. Não sabemos se existe vida nos outros mundos e, se existir, talvez eles não construam estrada nenhuma. Talvez a vida deles seja tão diferente da nossa que nem conseguimos pensar em como seria.

Mas se eles têm buracos que precisam atravessar...

... e se, no mundo deles, constroem coisas de várias formas, igual a nós...

... e se eles têm problemas para segurar as estradas...

... então é bem possível que eles construam estradas altas que parecem com as nossas.

Eu gosto dessa ideia, porque agora, quando eu olho uma dessas estradas altas, sempre fico mais feliz. Fico pensando que, talvez, em um lugar bem longe no espaço e no tempo, tem outra pessoa olhando para outra estrada alta que está pensando que pode encontrar esta forma em muitos mundos e — quem sabe — está pensando em mim.

COMPUTADOR QUE DOBRA

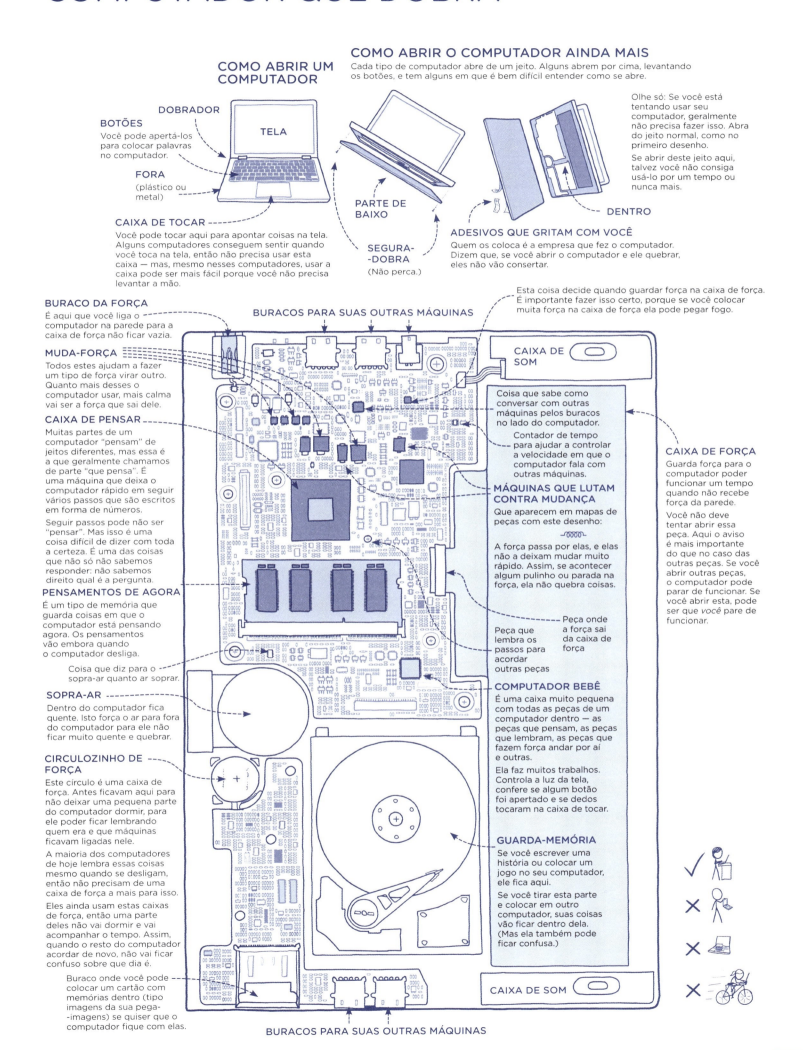

MUNDOS ESCUROS
Depois do mundo do vento gelado, tem um monte de mundinhos de gelo que andam bem lentos muito longe em volta do Sol.

GRANDE VIAJADOR NÚMERO UM
Ficamos tão surpresos quando um outro barco viu nuvens em volta da lua das nuvens que dissemos para o Grande Viajador Número Um mudar os planos e voar para perto da lua das nuvens e olhar mais de perto. Aí ele pegou o caminho para outros mundos e está indo para o espaço. Já viajou para mais longe do que qualquer coisa que os humanos construíram.

GRANDE VIAJADOR NÚMERO DOIS
O Grande Viajador Número Dois é o único barco que visitou os dois mundos mais longe.

Este mundo fica longe do Sol. Tem o ar mais gelado e os ventos mais rápidos.

BARCO DO MUNDO GRANDE
Este barco visitou o mundo grande e suas luas. Assim que acabou o serviço, dissemos para ele viajar ao mundo grande feito de ar para queimar, como os barcos-do-espaço velhos fazem na Terra às vezes.

Fizemos isso porque ficamos com medo de que, se não fosse assim, ele ia bater em outros mundos e espalhar bichinhos da Terra por lá. Não sabemos se existem outros bichos nesses mundos, mas, se existirem, não queremos que os nossos bichos os comam antes que nós possamos ver.

Estes dois mundos de ar são menores que o mundo do anel e o mundo grande de ar. Eles têm mais tipos de água no ar, por isso são mais azuis.

MUNDO PERDIDO
Este mundo é estranho porque antes ele fazia a volta no Sol sozinho, mas um dia ficou muito perto do mundo do vento gelado e agora mora lá.

LUA ANTIGA COM CÍRCULO EM VOLTA
Uma vez várias pedras bateram nesta lua, e aí ela ficou cheia de buracos em forma de círculo, igual à nossa Lua.

Estes dois mundos são grandes bolas de ar e água com algumas pedras no meio.

MUNDO DO ANEL
Todos os mundos grandes de ar têm anéis finos, mas os deste mundo são grandes e claros.

BARCO DO MUNDO DO ANEL
Este barco visitou o mundo do anel para entender como ele é — e ter uma visão melhor da lua das nuvens.

LUA GRANDE
A maior e mais pesada lua perto do Sol.

MUNDO GRANDE
É o maior mundo em volta do Sol. É quase todo de ar. Tem algumas luas que são quase do tamanho do nosso mundo.

LUA DAS NUVENS
Este mundo é muito estranho — é a única lua coberta com essas nuvens grossas. O ar lá é mais grosso que o da Terra.

Seria legal se fosse o tipo de ar que podemos respirar, mas não é.

LUA AMARELA COM CHEIRO RUIM
Este mundo tem muita cor, mas a cor não é muito legal. Parece um pouco com fogo, e mais com uma comida que saiu da boca da pessoa que comeu. É coberta de coisas que têm cheiro de comida velha.

LUA COM ÁGUA E GELO
Este mundo tem gelo por fora, mas é quente por dentro e tem água embaixo do gelo.

Como tem água quente, muitas pessoas querem ir para lá procurar bichos. Não sabemos se existem bichos lá, mas, se existirem, queremos saber como são.

A LUA
As outras luas têm nomes, mas chamamos nossa lua só de Lua. Pessoas já foram lá.

Não sabemos com certeza de onde ela veio. Achamos que outro mundo pode ter batido no nosso quando ele era muito novo, e vários pedacinhos saíram voando, aí os pedacinhos se juntaram e fizeram este novo mundo-bebê. Mas não sabemos com certeza.

BARCO DO MEXE-COISAS ESPECIAL
Este barco visitou dois mundinhos pequenos entre o mundo vermelho e o mundo grande. Ele tem um mexe-barco especial que tira força do Sol.

Foi o primeiro barco a visitar dois mundos diferentes e ficar um tempo nos dois.

MUNDINHO VERMELHO

CARRO-DO-ESPAÇO DO MUNDO VERMELHO

MUNDO DO CÉU QUENTE
Este mundo é quase do tamanho do nosso, mas é muito mais quente. Um dos motivos para ser quente é estar perto do Sol. O outro motivo é ter mais ar do que o nosso mundo, o que o faz ficar quente, mais ou menos como um casaco grosso em volta do mundo todo.

As pessoas achavam que seria um mundo legal para morar. Mas, se você visitar este mundo, vai ter muitos problemas.

O ar é muito quente. Se descer lá, você vai pegar fogo e não vai voltar para casa. O ar é muito pesado. Se você descer lá, vai ser como se estivesse no fundo da água. O céu vai apertar e fazer você ficar pequeno, e você não vai voltar para casa. O ar não é o tipo de ar que os humanos respiram. Se você tentar respirar, não vai voltar para casa. O ar também é cheio do tipo de água que faz mal para sua pele. Se o ar tocar em você, talvez você consiga voltar para casa, mas sem a pele.

NOSSO MUNDO
Tem bichos, árvores e um céu azul. Acho que você mora aqui; é bem difícil de sair daqui.

MUNDINHO DE PEDRA
Este mundo é difícil de ver porque fica muito perto do Sol. Ele gira em uma velocidade bem lenta, então o lado do dia fica muito quente e o lado da noite fica muito frio.

O SOL
O Sol é uma estrela. Parece maior e mais claro que outras estrelas porque fica muito perto de nós. Mas descobrimos que ele é *mesmo* maior e mais claro que outras estrelas.

Teve um tempo em que achamos que ele era menor que outras estrelas, porque a maioria das estrelas que olhávamos parecia maior do que ele. Mas descobrimos que tem muitas estrelas que brilham menos; elas só são mais difíceis de ver.

MUNDOS EM VOLTA DO SOL

O Sol é a maior coisa que existe perto de nós. Nosso mundo e tudo perto dele gira em volta do Sol. Alguns mundos que giram em volta do Sol são tão grandes que têm suas próprias luas — mundinhos que giram em volta deles enquanto todos giram em volta do Sol.

Toda a nossa história aconteceu neste desenho. A maior parte aconteceu no terceiro mundo, contando a partir do Sol. Você está em algum lugar desta imagem nesse momento!

... eu acho. Às vezes os livros duram muito tempo. Pode ser você esteja lendo muitas centenas de anos depois que eu escrevi. Talvez você esteja em um barco em um mundo fora desta imagem.

Se você estiver, eu estou errado. Mas fico feliz de estar errado por um motivo legal! Só queria que você pudesse me dizer o que viu.

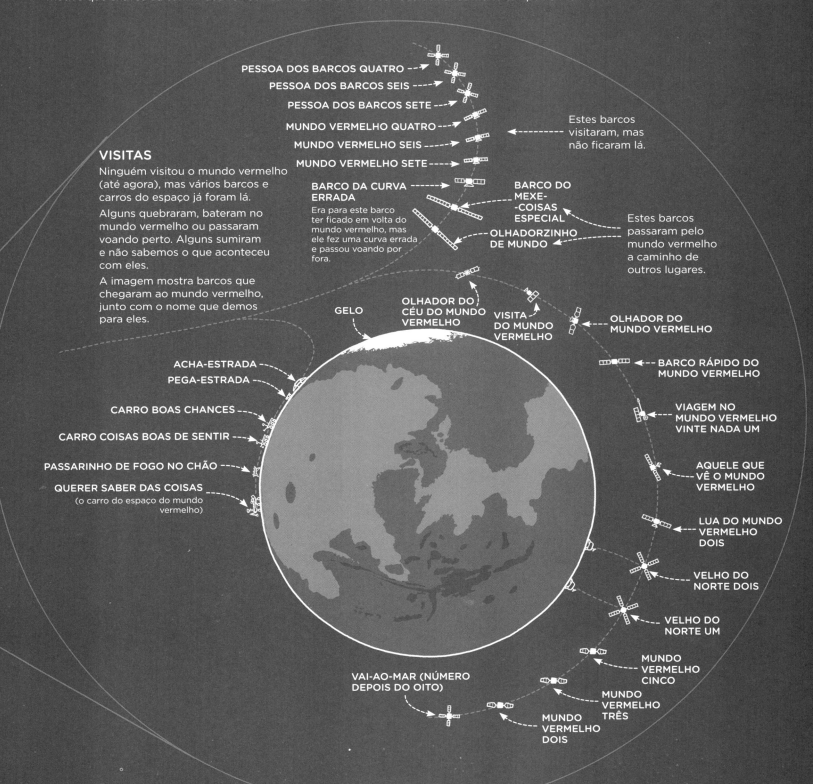

O MUNDINHO VERMELHO

Este mundo tinha mares quando era muito novo, mas agora é frio e os mares sumiram.

Ele se chama mundo vermelho porque tem metal na areia, e ela virou vermelha com o tempo, pelo mesmo motivo que chaves ou caminhões velhos ficam velhos na Terra se você deixá-los muito tempo na rua.

VISITAS

Ninguém visitou o mundo vermelho (até agora), mas vários barcos e carros do espaço já foram lá.

Alguns quebraram, bateram no mundo vermelho ou passaram voando perto. Alguns sumiram e não sabemos o que aconteceu com eles.

A imagem mostra barcos que chegaram ao mundo vermelho, junto com o nome que demos para eles.

PEGA-IMAGENS

Quando você olha uma coisa, a luz dessa coisa entra no seu olho e faz uma imagem dentro da sua cabeça. A imagem lhe dá uma ideia da forma e da cor da coisa.

Desde antes de os humanos aprenderem a escrever, usamos as pinturas para fazer nossas ideias voltarem a ser imagens. As imagens nos ajudam a lembrar de coisas que vimos e ideias que tivemos, e também a colocar essas ideias na cabeça dos outros.

Umas duas centenas de anos atrás, criamos máquinas que fazem luz virar imagem. Ficou mais fácil para uma pessoa fazer imagens, e fazer imagens virou parte de como conversamos e dividimos as coisas.

PAPEL-LUZ
Tem papéis que mudam de cor quando a luz bate neles. As pega-imagens usaram esses papéis durante muito tempo.

Mas este papel não faz a imagem sozinho. Quando você mostra o papel para alguém, a luz de cada parte da pessoa bate no papel, então a página inteira vai ficar de uma cor só. (A não ser que você deixe o papel tão perto da coisa que cada parte do papel só veja luz de uma parte da coisa, mas isso não funciona muito bem.)

FORMA
Para fazer a imagem de uma coisa, você precisa controlar a luz para que cada pedaço do papel veja a luz só de uma parte da coisa.

Um dos jeitos de fazer isso é fechando quase todos os caminhos de luz usando uma parede com um furo. (O que vai dar uma imagem de cabeça para baixo. Mas tudo bem — é só você girar.)

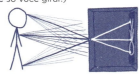

MAIS LUZ
A ideia funciona, mas um buraquinho não deixa passar muita luz, então demora muito para bater luz o bastante no papel e fazer uma imagem.

Para deixar mais luz entrar, você pode deixar o buraco maior, mas aí a luz de um ponto começa a se espalhar no papel, fazendo nuvens na imagem.

LUZ QUE DOBRA
Para a imagem ficar com menos nuvens, precisamos dobrar muita luz de cada parte da coisa para o ponto onde a imagem vai ser com ela. Podemos fazer isso usando coisas que dobram luz — como água e vidro.

FORMAS ESPECIAIS
Cortando o vidro nas formas certas, podemos fazer dobra-luzes que pegam muita luz e mandam a luz de cada direção para uma parte da imagem.

Esta máquina é boa para fazer uma imagem só, mas que vai ficar com nuvens e não muito clara nem definida. Para pegar uma imagem mais clara, temos que colocar mais dobras para controlar mais o caminho feito pela luz.

A maioria das pega-imagens usa vidro, já que é mais fácil de cortar na forma que você precisa do que a água. Tem pessoas tentando construir dobras que usam água, controlada por computador. Aí as dobras mudariam de forma para controlar a luz sem usar tantas peças.

GRANDE PEGA-IMAGEM
Esta máquina é usada para pegar imagens definidas, mesmo de coisas que são pequenas ou que estão longe.

Nossos olhos são melhores do que a maioria das pega-imagens para ver coisas pequenas ou que estão longe. Mas, como esse tipo de pega-imagem tem dobras muito grandes que pegam muita luz, ele consegue ver ainda melhor.

OLHADOR
Toda a frente da pega-imagem serve para pegar luz. Esta parte pode sair, e você pode usar olhadores diferentes para tipos de imagens diferentes.

JANELA DE IMAGEM
Esta janela abre e fecha para deixar luz passar pelo pega-luz e pegar uma imagem. Ela tem duas folhas. Quando começa a pegar uma imagem, a folha de baixo sai do caminho. Quando ela acaba de pegar luz, a tela de cima baixa para cobrir. Ela usa duas telas; se usasse uma tela que subisse e depois voltasse, a metade de cima do pega-luz ia passar mais tempo pegando luz que a de baixo.

POR QUE TANTOS DOBRA-LUZ?
Estes dobra-luz estão aqui por vários motivos. Um dos grandes motivos é que algumas cores de luz dobram mais que outras quando passam pelo vidro. Isso pode fazer algumas cores na imagem ficarem definidas, enquanto outras ficam espalhadas. Cores diferentes se quebram de jeitos diferentes em vidros diferentes. Quando a luz passa por um tipo de vidro e depois outro, grupos de dobra-luz podem levar cores diferentes para o mesmo lugar.

CAIXA DE FORÇA
Pegar imagens pode usar muita força, então pega-imagens geralmente precisam de caixas de força especiais.

MEMÓRIA
Guarda as imagens que você pega.

PEGA-LUZ
Antes era feito de papel, mas em pega-imagens de computador como este é uma folha de sente-luz com computador. Cada sente-luz confere quanta luz bate nele e diz para o computador. O computador junta as mensagens para pegar uma imagem.

TELA
Esta tela mostra o que o pega-luz vê. Nela você também pode olhar imagens que pegou e decidir se quer ficar com elas.

Alguns pega-imagens têm um buraco para você ver também, que mostra uma visão pelo olhador usando um espelho (ou finge que faz isso com outra tela).

RAIO
Se não tem luz para fazer uma imagem boa, isto pode iluminar o espaço um momento enquanto a janela de imagem está aberta. A luz pode fazer as sombras na imagem ficarem estranhas, por isso as pessoas tentam não usar muito.

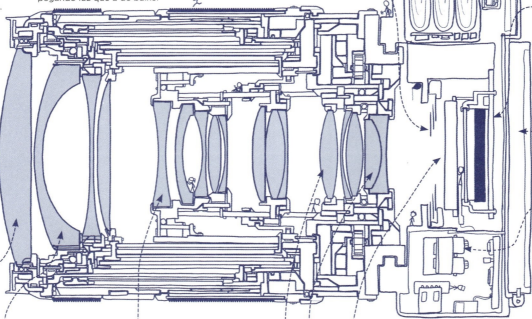

LUZ ENTRA POR AQUI

DOBRA-FRENTES
Pegam toda a luz e começam a juntar para que outros dobra-luz possam fazer coisas com ela.

DOBRAS DE LONGE-OU-PERTO
Estes dobra-luz controlam se as coisas parecem perto ou longe na imagem. Eles vão para frente para olhar coisas pequenas que estão longe e voltam para ver melhor o espaço inteiro.

JANELA SACODE-POEIRA
Um pouquinho de poeira grudado na janela de imagem pode fazer a máquina pegar imagens ruins. Em pega-imagens pequenas, a janela de imagem fica trancada e longe da poeira. Mas, naquelas que você pode tirar o olhador grande para colocar outro, a poeira pode entrar.

Para a poeira não ser problema, tem um janela em frente da janela de imagem com um sacode-poeira. O sacode-poeira sacode a janela bem rápido e tira toda a poeira que estiver ali.

DOBRA-IMAGENS
Estes dobra-luz são os que juntam a luz para fazer uma imagem no pega-luz do fundo.

SEM ESPELHO
As boas pega-imagens tinham um espelho aqui, para você olhar por um buraco em cima e ver o olhador, e ver o que vai ficar na imagem. O "barulho de pegar imagem" bem alto é o espelho saindo do caminho para deixar a luz chegar no fundo.

Hoje, cada vez mais pega-imagens usam telas para mostrar o que você vê.

FORMA QUE MUDA
As pega-imagens mudaram de forma com o tempo. As partes do fundo são menores, mas algumas partes da frente das pega-imagens boas continuam grandes. O serviço que as partes de trás fazem, como guardar imagens e guardar força, agora são feitos por pequenos computadores. As partes da frente dobram luz, e os computadores ainda não conseguem fazer isso.

Em breve as pessoas vão usar computadores de mão como parte de trás, grudando em um olhador para fazer imagens legais.

PALITOS DE ESCREVER

Antes, as pessoas escreviam todas as palavras com palitos. Hoje, escrevem palavras apertando botões, o que geralmente é mais rápido. Mesmo que a cada dia escrevamos mais palavras do que antes, cada vez usamos menos palitos de escrever.

Algumas pessoas ainda usam palitos como estes para coisas que não são escrever. Pessoas que trabalham desenhando às vezes não usam papel, mas a maioria ainda usa palitos para controlar onde as linhas vão.

(As imagens neste livro não foram desenhadas em papel, mas foram desenhadas com um palito.)

Um dia talvez também paremos de usar palitos para fazer desenhos.

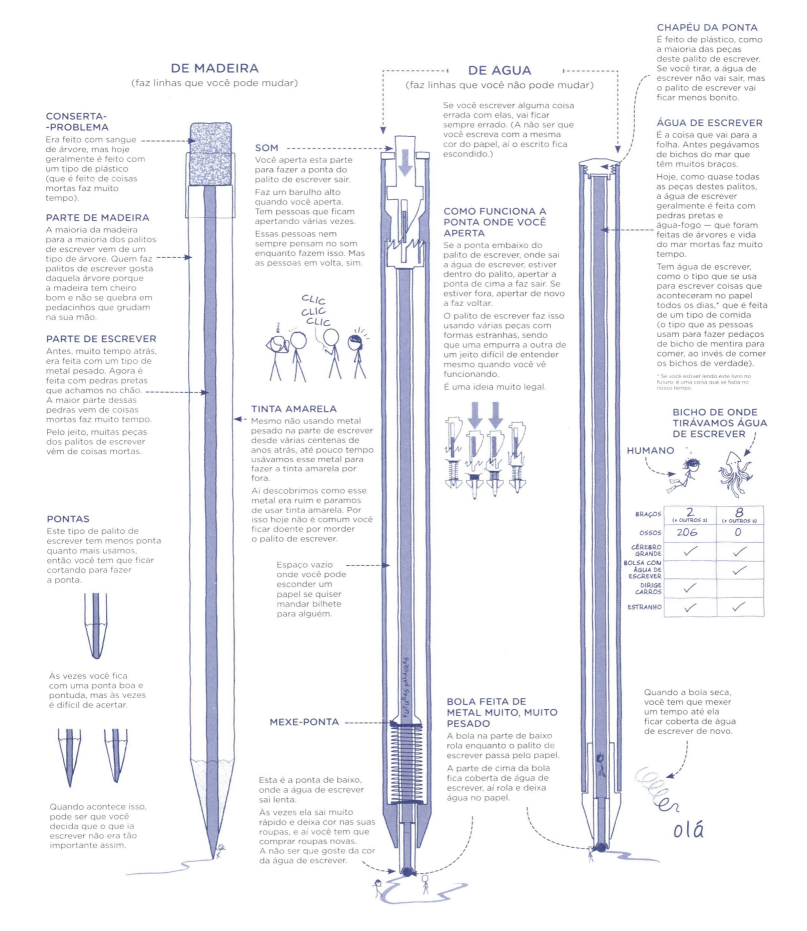

COMPUTADOR DE MÃO

Estas máquinas no início eram rádios para conversar em voz alta com pessoas que estavam longe. Com os anos, foram virando cada vez mais computadores.

Quando essas máquinas começaram a virar computadores, começaram a substituir várias coisas que levávamos junto — como pega-imagens, toca-músicas e até livros.

CONFERE-ROSTO
Desliga a tela se sua cabeça estiver perto, para você não apertar botões com o rosto quando fala.

PEGA-IMAGENS DA FRENTE

FAZ-BARULHO

PEGA-IMAGENS GRANDE

BURACO DE OUVIDO

BOTÃO DE FORÇA
Você pode apertar isto para fazer o computador dormir ou acordar.

CONVERSADOR COM "PONTO QUENTE"
Deixa o computador de mão conversar com pessoas usando um radiozinho da sua casa, ao invés do radiozão que é da empresa de telefone, e aí você gasta menos dinheiro.

MEXE-BOLSO
Este pedaço de metal gira rápido para fazer o telefone se mexer. Assim, ele chama sua atenção sem fazer muito barulho. (A não ser que esteja sobre uma mesa dura; aí ele faz *muito* barulho.)

GUARDA-MEMÓRIA EXTRA
Se seu telefone guarda muitas memórias para você (como imagens, sons e jogos), você pode colocar um cartão aqui para ele ter mais espaço.

Computadores e rádios estão ficando mais rápidos, então as empresas têm guardado mais e mais essas memórias nos computadores deles e só mandam para o seu quando você pede.

PRENDEDORES
Várias peças do computador de mão, como a tela e o sente-rádio, prendem-se no resto do telefone aqui quando ele é montado.

LUZES
Para pegar imagens

PRENDEDOR DA CAIXA DE FORÇA

SEGURA-CARTÃO
Segura o cartão que deixa o telefone conversar com o mundo. O telefone funciona usando um rádio para conversar com uma empresa à qual você paga para levar suas mensagens. Com este cartão, ele diz às empresas com qual computador de mão estão falando.

CONTROLES DE BARULHO
Estes controles deixam o som no seu ouvido alto ou baixo.

ENTENDE-SOM

CONVERSADOR POR RÁDIO
Diz para o computador de mão como entender as palavras que os rádios da empresa mandam.

MINIPORTA DE FORÇA
Assim como outros computadores, quase cada peça do computador de mão é cheia de vários tipos de porta de força.

Esta imagem é usada em mapas de peças quando se quer dizer "porta de força".

Essas peças tiram força de um fio e ouvem outro fio para decidir se deixam a força passar ou não. Cérebros de computador são construídos grudando essas portas.

Existem tantas portas de força em um computador quanto pessoas na Terra. Algumas são grandes e fáceis de ver, mas a maioria é bem pequena e controla bem pouca força. No caso, estou falando das portas, não das pessoas.

CAIXA DE FORÇA

CAIXA DE PENSAR

SENTE-DIREÇÃO

MEMÓRIA RÁPIDA
Esta parte do telefone guarda coisas em que o computador de mão está pensando no momento, como as páginas que você está olhando ou jogos que está jogando. Essa memória vai embora quando o telefone é desligado.

FAZ-BARULHO GRANDE
Esta coisa faz barulho que você pode ouvir até quando seu ouvido está longe do telefone.

CAIXA DE OUVIR
É uma caixa de pensar especial que só ouve palavras. Como só faz uma coisa, não usa tanta força quanto a caixa de pensar principal. Se o seu telefone tem isso, você pode fazê-lo ouvir sua voz o tempo todo, não só quando aperta um botão.

SENTE-RÁDIO
Esta parte ouve os pedacinhos de metal do lado de fora do computador de mão. Quando uma mensagem de rádio chega, ela faz a força entrar no metal. Esta coisa ouve como a força muda e a faz virar palavras.

Ela também ouve palavras que o computador de mão quer mandar de volta e as faz virar mudanças de força para mandar pelo metal.

BURACO DE FORÇA

CONTROLA-FORÇA
Esta coisa presta atenção ao que várias partes do computador fazem e faz com que cada parte receba a força de que precisa.

42

CORES DA LUZ

A luz é feita de ondas, e vemos ondas compridas e curtas como cores diferentes. Quando chove, a luz do sol bate em pinguinhos de água e se torce quando passa por eles. Algumas cores de luz torcem mais que outras, então cores diferentes chegam ao seu olho de partes diferentes do céu.

O tamanho das ondas faz as cores do céu se separarem de forma diferente: das mais curtas, as azuis, para as mais compridas, as vermelhas. Mas os tipos de luz não param por aí! Essas são só as mais curtas e mais longas que nossos olhos veem.

Esta imagem mostra que outras cores você veria se a chuva tivesse mais cores depois das que vemos. (A imagem não é com cores, mas tudo bem — não são cores de verdade mesmo!)

Na vida real, mesmo que você conseguisse ver ondas de luz longas e curtas, não veria essas cores espalhadas no céu. Isso acontece por três motivos.

Primeiro: o sol dá a maior parte de sua luz em cores que podemos ver, e uma luz que é um pouco mais curta ou mais longa. Em cores que são *muito* mais curtas ou longas, o sol é bem escuro!

Segundo: muitos desses tipos de luz não passam pela água, então não iam passar pela chuva.

Terceiro: as cores são separadas entre longas a curtas porque ondas curtas (azuis) torcem mais que ondas longas (vermelhas). Mas existem algumas cores, dos tipos que não vemos, que vão no sentido contrário! Isso quer dizer que essas cores não se espalhariam como se vê aqui; ficariam todas espalhadas em folhas sobre elas mesmas — algumas partes de cima para baixo e outras partes de baixo para cima — no mesmo espaço do céu.

QUAL O TAMANHO DESSAS ONDAS?

- Um país grande
- Um país pequeno
- Uma cidade
- Uma cidade pequena
- Um edifício
- Um caminhão
- Um cachorro
- Um dedo
- Um botão de computador
- Estes dois pontinhos pretos:
- Um cabelo (pelo lado mais curto)
- Um saco de água do seu corpo
- Uma coisa pequena que faz mal aos saquinhos de água do seu corpo
- A poeira na fumaça
- Os pedações que fazem tudo
- Os pedacinhos que fazem tudo
- Os meios pesados desses pedacinhos

O QUE SÃO

ONDAS COMPRIDAS

ONDAS DE FORÇA
Quando você prende a ponta de uma coisa na parede para que tenha força, a força sai em ondas.

São ondas muito longas e lentas, que demoram tanto para mudar que nossos fios de força não têm tamanho para ficar com as partes "alta" e "baixa" da onda ao mesmo tempo. Talvez faça mais sentido dizer que a força liga um tempo, depois desliga.

A luz "liga e desliga" muito rápido para você conseguir contar quantas vezes, mas as ondas de força só ligam e desligam algumas dezenas de vezes por segundo.

RÁDIO

Ondas de rádio e de luz são a mesma coisa. A onda de rádio é mais comprida. Nossos olhos não veem luzes tão compridas, mas construímos máquinas que conseguem ver.

RÁDIOS VELHOS

RÁDIOS NOVOS

Carros usam rádios do espaço para várias coisas, como...
... descobrir onde estão...
... e tocar música
Telefones
Pontos quentes de computador

TAMANHO REAL

ONDAS "PEQUENAS"

Caixas de aquecer comida têm o nome que têm por causa destas ondas (ver p. 16). Elas usam esta cor.

LUZ QUENTE

Tudo solta luz, porque tudo é pelo menos um pouquinho quente, e coisas quentes soltam luz. Coisas quentes soltam mais luz feita de ondas mais curtas.

Nossos corpos soltam essas cores de luz porque somos um pouco quentes, mas não quentes a ponto de soltar luzes que você vê.

Se usar óculos de computador especiais que ajudam a ver essas cores de luz, você consegue ver onde as pessoas estão no escuro pela luz do corpo delas.

LUZ DE COISAS QUENTES
Calor do espaço do início do tempo
Calor do corpo
Luz do sol

LUZES QUE CONSEGUIMOS VER

CORES DA CHUVA
As pessoas dizem que as luzes da chuva no céu mostram todas as cores, mas não mostram; não têm o rosa forte.

Quanto mais você entende de cores, mais descobre que quase tudo que as pessoas dizem sobre cores não é tão verdade assim.

LUZ PRETA
É o tipo de luz que queima sua pele se você ficar no sol.

LUZ QUE OS DOUTORES USAM PARA OLHAR DENTRO DE VOCÊ

PELAS IMAGENS, PARECE QUE SEU CORPO É CHEIO DE OSSOS
OH, NÃO! E PASSA?

PEDACINHOS DE ESPAÇO
Às vezes, pedrinhas — que andam quase na velocidade da luz — batem na Terra. O ar nos mantém seguros, mas, quando elas batem no ar, fazem um raio de luz com muita força. O ar também nos mantém seguros disso.

Se alguma dessas bater em você, podem quebrar as coisas nas suas bolsas de água que dizem para seu corpo como crescer. Se você tiver várias delas, pode ser que seu corpo comece a crescer errado.

Quando as pessoas vão ao espaço, onde não tem ar para essas coisas não irem nelas, às vezes veem raios de luz quando as coisas do espaço batem nos olhos.

É um dos motivos para não deixar as pessoas muito tempo no espaço — se elas ficam demais, essas coisas batem muito nelas, e seus corpos começam a crescer errado.

LUZ QUE LEVA MUITA FORÇA

Estas cores muito "curtas" de luz não são como ondas. São como pedrinhas que andam muito rápido.

Não existe muita coisa que faça esse tipo de luz.

ELAS PODEM VIR DO ESPAÇO ATÉ NÓS?

Este lado mostra que tipos de luz podem passar pelo ar da Terra.

Estas ondas compridas passam pelo ar normal, mas não conseguem passar por uma camada de ar especial perto da beira do espaço. O ar nesta camada funciona quase como um espelho do rádio, e por isso você consegue pegar alguns tipos de mensagens de rádio de outras partes da Terra.

Estas ondas de rádio passam sem problemas pelo ar. Usamos para olhar estrelas e conversar com nossos barcos-do-espaço.

A água no ar não deixa estas cores passarem.

A luz do sol pode atravessar o ar. Isso é bom, já que precisamos dela para ver.

O sol solta luz nestas cores. As cores que nossos olhos podem ver ficam bem no meio disso, e faz sentido; os olhos cresceram para ficar bem com a luz do sol.

Uma camada especial faz parar parte da luz que queima sua pele. Um tempo atrás, descobrimos que tínhamos feito um buraco nessa camada. Não foi por querer. Estamos consertando.

Estes tipos de luz não conseguem passar pelo ar.

RAIOS BEM LONGE

Mais ou menos uma vez por dia, nossos barcos-do-espaço veem raios de luz de muita, muita força de um lugar bem longe no espaço.

Temos quase certeza de que são de estrelas grandes morrendo, mas não temos certeza do que acontece nas estrelas para fazer essa luz.

O CÉU À NOITE

Estas são algumas das coisas vistas no céu à noite. Elas também estão no céu de dia, mas com a luz do Sol fica difícil você ver.

LINHAS

As pessoas gostam de desenhar linhas entre grupos de estrelas para criar formas e dar ao grupo o nome do que veem na forma.

Esta aqui tem um nome de gato.

AS PESSOAS QUE DERAM ESSE NOME JÁ VIRAM UM GATO?

(Eu também não acho parecido com gato, mas com os nomes fica mais fácil se lembrar dos grupos.)

ESTRELAS FICAM LONGE

Elas ficam tão longe que, quando olhamos para elas, vemos como eram no passado, já que a sua luz leva anos para chegar até nós.

Às vezes as pessoas dizem que, como a luz leva tanto tempo para chegar até nós, talvez as estrelas que vemos tenham morrido faz muito tempo.

Mas isso é errado. A maioria das estrelas que vemos fica só a algumas centenas de anos-luz.

Então, não se preocupe; nossas estrelas devem estar muito bem!

COMO USAR UM OLHO DE VIDRO

✓ SIM   ✗ NÃO

GUERRA!

✗ NÃO   ✗ COM CERTEZA NÃO

AQUILO É UMA ESTRELA OU UM VAGA-LUME?

DESCEU EM VOCÊ.

ESPERO QUE SEJA UM VAGA-LUME.

OUTROS MUNDOS

Muitos dos outros mundos que encontramos ficam neste espaço. Lá não existem mais mundos que em outros lugares; foi só onde olhamos primeiro.

NOSSA NUVEM DE ESTRELAS

Estrelas vivem juntas em grandes nuvens no espaço. Nossa nuvem tem a forma de um prato ou uma roda, mas, como estamos dentro dela, nós vemos pela beira como um caminho que brilha no céu.

POEIRA

Estas nuvens pretas são poeira que ficam na nossa frente.

BARULHO ALTO

Uma vez ouvimos um barulho muito alto aqui no rádio e ainda não temos ideia do que foi. Nunca mais ouvimos.

GRANDE VIAJADOR NÚMERO DOIS

Constelações (do mapa): LÍDER QUE INVENTAMOS, BICHO COM SANGUE FRIO QUE CORRE, PASSARINHO BRANCO, FAZEDOR DE MÚSICA, CACHORRINHO, CAVALO INVENTADO QUE VOA, PALITO PONTUDO QUE (...), PEIXE QUE RESPIRA, PEIXES, CAVALINHO, PASSARINHO FRIO QUE COME PEIXE, PARA-CORTA-PALITO, DESENHADOR EM PEDRA, LEVA-ÁGUA, BICHO INVENTADO (Parte peixe e parte bicho que come papel com cabeça pontuda), PEIXE DO (...), DESENHADOR EM PEDRA, ATIRADOR DE PALITO PONTUDO, CHAPÉU DO SUL, PASSARINHO ALTO, PASSARINHO BOCA GRANDE

PECINHAS DAS QUAIS TUDO É FEITO

As pessoas achavam que tudo em nossa volta era feito de quatro tipos de coisa: terra, ar, fogo e água. Era quase isso — mas ao invés de quatro tipos de pecinhas, está mais para doze dezenas de pecinhas.

Todas as coisas que podemos tocar (mas não coisas como a luz) são feitas dessas pecinhas. Até agora encontramos dez dúzias, mas deve ter mais.

Esta tabela junta as pecinhas em ordem de peso e junta grupos de pecinhas que têm alguma coisa em comum em cima ou embaixo da outra.

METAIS DA TERRA
Estas coisas são chamadas de "metais", mas muitas estão mais para pedras ou poeira. Geralmente queimam fácil.

OH, OS HUMANOS!

AS PECINHAZINHAS DAS PECINHAS
Estas pecinhas são feitas de pecinhas menores. Cada tipo de pecinha tem um número destas peças menores. Existem três tipos principais das menores: duas pesadas e uma leve.

Pecinhazinhas leves

Pecinhazinhas pesadas

AS PECINHAZINHAS PESADAS FICAM NO MEIO. AS LEVES FICAM POR AQUI.
ONDE, EXATAMENTE?
BOM... POR AQUI.

Na última centena de anos, descobrimos que essa ideia de "onde" nem sempre funciona para coisas bem pequenas.

NÚMERO DO MEIO
Damos números às pecinhas contando quantas pecinhas menores de um dos tipos de pecinha pesada elas têm no meio. Aí usamos esse número para colocar as pecinhas em caixas na tabela. A outra pecinhazinha pesada não entra na conta, então pecinhas menores com números diferentes dessa pecinha menor podem ficar na mesma caixa na tabela.

FORMA DA TABELA
As caixas nesta tabela estão em ordem da esquerda para a direita e de cima para baixo. Ela tem esse formato estranho porque as pecinhas ficam em grupos com outras pecinhas que são muito parecidas.

(O motivo para esses grupos serem parecidos tem a ver com o número de pecinhazinhas leves em volta da pecinha — que é bem parecido com o número do meio da pecinha — e o jeito como os diferentes números de pecinhazinhas leves se espalham por fora da pecinha.)

VIDAS CURTAS, CALOR ESTRANHO
Existem pecinhas que não duram muito. Com o tempo elas se quebram e viram outras pecinhas, porque jogam pedaços dos seus meios em todas as direções, o que as faz soltar um calor estranho.

Contamos quanto tempo uma peça dura marcando quanto tempo leva para metade dela quebrar. Chamamos isso de "meia-vida" da peça.

METAIS NORMAIS
Estas peças no espaço do meio da tabela são as que geralmente pensamos como "metal". A maioria é forte, dura e lembra um pouco espelhos.

O METAL NA CAIXA DE FORÇA DO SEU TELEFONE	NÃO RESPIRE ESSE NEGÓCIO EM PÓ QUE VOCÊ MORRE										
PARTE DISTO	METAL LEVE QUE QUEIMA BEM QUENTE E BRILHA										
COISA QUE SEU CÉREBRO USA PARA CONVERSAR COM O RESTO DO CORPO	COISA QUE FAZ SEUS DENTES	METAL QUE NÃO É MUITO INTERESSANTE	METAL CONHECIDO POR SER MUITO FORTE MAS MUITO LEVE	METAL QUE SE USA PARA DEIXAR OS DENTES DE MÁQUINAS DE CORTAR MAIS FORTES	METAL QUE COLOCAMOS EM PEÇAS DE CARRO PARA PARECEREM ESPELHOS	UMA DAS COISAS QUE COLOCAMOS NO METAL PARA FICAR MAIS FORTE	METAL QUE USAMOS PARA FAZER AS PRIMEIRAS MÁQUINAS	PEDRA QUE DEIXA VIDRO AZUL
TEM CONTA-TEMPOS QUE FUNCIONAM VENDO A VELOCIDADE COM QUE AS COISAS DISTO AQUI SE SACODEM	O CALOR DESSE METAL JÁ FOI USADO PARA DAR FORÇA EM LUZES QUE AJUDAM BARCOS DO MAR BEM LÁ NO NORTE	METAL QUE LEVA O NOME DESTA CIDADEZINHA	METAL QUE NOS CONTA COMO ERA A TERRA NO INÍCIO	METAL COM NOME DE UM DEUS, MAS QUE SÓ FICOU ASSIM DEPOIS DE UMA BRIGA PELO NOME	METAL QUE COLOCAMOS EM OUTROS METAIS	O PRIMEIRO METAL NESTA TABELA QUE QUEBRA COM CALOR ESTRANHO	METAL CINZA QUE NÃO SE ENCONTRA FÁCIL	DOIS META EM CARRO A FUMAÇ
QUANDO UM EDIFÍCIO QUE TIRA FORÇA DE METAL PESADO ESTOURA, ESTE NEGÓCIO É UM PROBLEMÃO	COISA QUE VOCÊ BEBE PARA O DOUTOR OLHAR DENTRO DO SEU CORPO	As coisas ali embaixo deveriam ficar neste espaço. Se você colocá-las aqui, a tabela fica muito comprida para caber numa página, então a maioria das pessoas não coloca.	METAL USADO PARA CONTROLAR O CALOR DO METAL QUE SERVE DE FORÇA PARA BARCOS EMBAIXO DA ÁGUA	METAL QUE SE USA EM SEGURA-FORÇAS	ISTO AQUI	METAL QUE SE USA PARA FAZER MEXE--BARCOS--DO-CÉU BEM RÁPIDOS	O METAL PESADO NA BOLINHA DA PONTA DO PALITO DE ESCREVER	METAL QUE FICOU NUMA CAMADA FINA QUANDO UMA PEDRA DO ESPAÇO BATEU NA TERRA
COISA QUE DURA VINTE MINUTOS	ISTO		COISA QUE DURA UMA HORA E MEIA	COISA QUE DURA UM DIA	COISA QUE DURA DOIS MINUTOS	COISA QUE DURA UM MINUTO	COISA QUE DURA DEZ SEGUNDOS	COISA QUE DURA OITO SEGUNDOS

COISAS QUE NÃO DURAM
A maioria das coisas na parte de baixo da tabela só pode ser feita aos pouquinhos, em máquinas muito grandes. Elas têm meia-vida muito curta; não duram nem o tempo de você usá-las para alguma coisa, e não tem muito o que se dizer sobre elas fora o quanto duram.

Se acharmos mais pecinhas, elas vão entrar numa linha nova aqui.

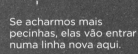
ESPERO QUE NÃO ACHEM MAIS. EU GOSTO QUE ESSA LINHA DO FIM VAI ATÉ A PONTA.

METAL QUE SE USA PARA COMEÇAR FOGO	COISA COM NOME DE UM MUNDINHO COM NOME DA DEUSA DA COMIDA QUE CRIANÇAS COMEM DE MANHÃ	METAL QUE SE USA NOS VIDROS QUE NÃO DEIXAM PASSAR LUZ FORTE QUANDO SE CORTAM OUTROS METAIS	METAL QUE PUXA OUTROS METAIS COM FORÇA	METAL QUE LEVA O NOME DO CARA QUE ROUBOU FOGO	A PRIMEIRA DESTAS COISA QUE LEVOU NOME DE PESSOA (QUE NÃO ERA TÃO IMPORTANTE ASSIM)
COISA QUE DURA VINTE ANOS	METAL PESADO QUE UM DIA TALVEZ POSSAMOS USAR COMO FORÇA	METAL QUE PODE MATAR VOCÊ DE VÁRIOS JEITOS INTERESSANTES			O QUE FICA AQUI

ONDE SE ESCONDER DO SOL
para ver as estrelas

Deste lado

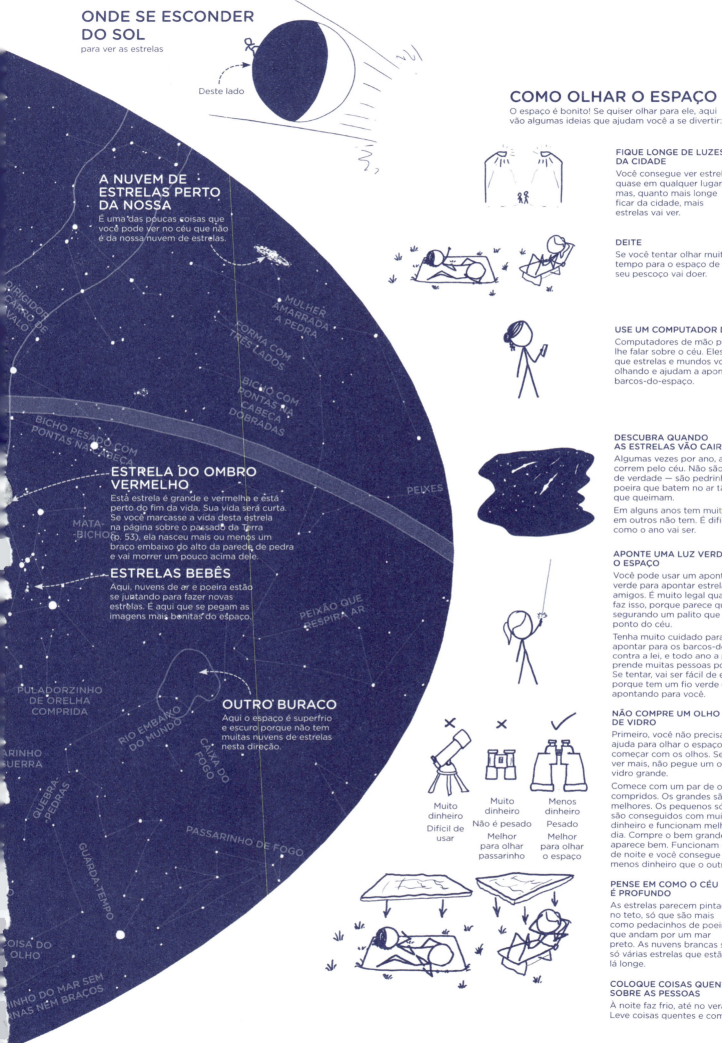

A NUVEM DE ESTRELAS PERTO DA NOSSA
É uma das poucas coisas que você pode ver no céu que não é da nossa nuvem de estrelas.

ESTRELA DO OMBRO VERMELHO
Esta estrela é grande e vermelha e está perto do fim da vida. Sua vida será curta. Se você marcasse a vida desta estrela na página sobre o passado da Terra (p. 53), ela nasceu mais ou menos um braço embaixo do alto da parede de pedra e vai morrer um pouco acima dele.

ESTRELAS BEBÊS
Aqui, nuvens de ar e poeira estão se juntando para fazer novas estrelas. É aqui que se pegam as imagens mais bonitas do espaço.

OUTRO BURACO
Aqui o espaço é superfrio e escuro porque não tem muitas nuvens de estrelas nesta direção.

COMO OLHAR O ESPAÇO
O espaço é bonito! Se quiser olhar para ele, aqui vão algumas ideias que ajudam você a se divertir:

FIQUE LONGE DE LUZES DA CIDADE
Você consegue ver estrelas quase em qualquer lugar, mas, quanto mais longe ficar da cidade, mais estrelas vai ver.

DEITE
Se você tentar olhar muito tempo para o espaço de pé, seu pescoço vai doer.

USE UM COMPUTADOR DE MÃO
Computadores de mão podem lhe falar sobre o céu. Eles dizem que estrelas e mundos você está olhando e ajudam a apontar os barcos-do-espaço.

DESCUBRA QUANDO AS ESTRELAS VÃO CAIR
Algumas vezes por ano, as estrelas correm pelo céu. Não são estrelas de verdade — são pedrinhas e poeira que batem no ar tão rápido que queimam.

Em alguns anos tem muitas, e em outros não tem. É difícil saber como o ano vai ser.

APONTE UMA LUZ VERDE PARA O ESPAÇO
Você pode usar um apontador de luz verde para apontar estrelas para os amigos. É muito legal quando você faz isso, porque parece que está segurando um palito que toca um ponto do céu.

Tenha muito cuidado para *nunca* apontar para os barcos-do-céu. É contra a lei, e todo ano a polícia prende muitas pessoas por fazer isso. Se tentar, vai ser fácil de encontrar, porque tem um fio verde que brilha apontando para você.

NÃO COMPRE UM OLHO DE VIDRO
Primeiro, você não precisa de ajuda para olhar o espaço! Pode começar com os olhos. Se quiser ver mais, não pegue um olho de vidro grande.

Comece com um par de olhos compridos. Os grandes são melhores. Os pequenos só são conseguidos com muito dinheiro e funcionam melhor de dia. Compre o bem grande que aparece bem. Funcionam melhor de noite e você consegue por menos dinheiro que o outro tipo.

Muito dinheiro	Muito dinheiro	Menos dinheiro
Difícil de usar	Não é pesado	Pesado
	Melhor para olhar passarinho	Melhor para olhar o espaço

PENSE EM COMO O CÉU É PROFUNDO
As estrelas parecem pintadas no teto, só que são mais como pedacinhos de poeira que andam por um mar preto. As nuvens brancas são só várias estrelas que estão lá longe.

COLOQUE COISAS QUENTES SOBRE AS PESSOAS
À noite faz frio, até no verão! Leve coisas quentes e comida.

46

PARA A ESTRELA DO NORTE
Esta linha vai para a Estrela do Norte (que você não vê aqui porque as pontas do céu estão esticadas para caberem neste mapa plano).

PONTA NORTE DO CÉU
Se você mora na metade norte da Terra, você sempre consegue ver estas estrelas.
(A não ser que tenha nuvens ou o Sol estiver aparecendo.)

PONTO DE IMAGEM
A melhor pega-imagens do espaço que temos olhou esse lugar por bastante tempo para pegar uma imagem de luz velha de nuvens de estrelas bem longe, que mostram como elas eram quando tempo e espaço eram muito novos.

APONTADORES DO NORTE
Estas estrelas apontam para a Estrela do Norte, que fica sempre no mesmo lugar no céu.

BURACO
Nesta direção, existe um grande lugar vazio sem nuvens de estrelas. O espaço é cheio desses lugares vazios por causa de como as coisas se juntaram quando o tempo começou.

MORTE DE ESTRELA
Uma estrela longe estourou aqui uma vez e, mesmo que estivesse do outro lado do espaço, os olhos de uma pessoa normal conseguiam ver da Terra. Quer dizer que ela deve ter sido mais clara que qualquer coisa que já vimos.

GRANDE VIAJADOR UM
Este barco-do-espaço saiu de perto do Sol e agora viaja entre as estrelas.

A LUA
A Lua fica perto do caminho, só que mais longe dele do que o Sol e outros mundos.

CAMINHO DO SOL
O Sol anda pelo meio deste caminho no céu. Ele passa pelo céu uma vez por ano e é por isso que no verão você vê partes do céu que não são as mesmas que vê no inverno.

CAMINHO DO MUNDO
Os outros mundos grandes em volta do Sol passam pelo céu dentro deste caminho, subindo e descendo um pouquinho com o tempo.

A ESTRELA CACHORRO
É a estrela que mais brilha no céu hoje. Faz tempo que é assim.

MEIO DA NOSSA NUVEM DE ESTRELAS
Aqui tem um grande buraco preto, um lugar onde se juntou tanta coisa que a coisa inteira caiu em cima dela mesma com o próprio peso e sumiu, puxando até a luz que o faria aparecer para você, deixando um buraco no espaço que puxa muito.

Nuvens de estrelas são feitas de estrelas, ar e poeira que se juntaram por causa do próprio peso quando o espaço esfriou. Achamos que muitas delas têm esses buracos no meio, lugares onde as coisas que se juntavam ficaram muito perto e muito pesadas e não pararam de cair.

ESTA ESTRELA ESTÁ PERTO DE ESTOURAR
Acho que não vai acontecer enquanto estivermos vivos, mas, se acontecer, pode ser tão claro que vai se ver durante o dia.

A ESTRELA MAIS PERTO
Na verdade, são duas estrelas juntas, com uma terceira pequenininha entre as duas.

PONTA SUL DO CÉU
As estrelas nesta metade do céu têm nomes de coisas mais novas, porque são nomes que as estrelas ganharam de pessoas da metade norte do mundo quando visitaram o sul pela primeira vez. Eles não perguntaram para as pessoas que moravam no sul se as estrelas já tinham nomes.

As pessoas que hoje aprendem sobre o espaço usam mais os nomes que as pessoas do norte escolheram.

NOMES

Algumas coisas nesta tabela têm nomes faz muito tempo (como o ouro), mas outras só se achou nas últimas duas centenas de anos.

Muitas pecinhas na tabela têm nomes de pessoas ou lugares — principalmente de pessoas que ajudaram a achá-las ou de lugares onde essas pessoas trabalharam.

Aqui algumas coisas que deram nomes a estas coisas.

EU PENSEI EM COMO ORGANIZAR ISSO TUDO.

EU FIZ COISAS QUE ESTOURAM E MATAM, FIQUEI ME SENTINDO MAL POR DEIXAR O MUNDO PIOR, ENTÃO DEIXEI DINHEIRO PRA ELE SER MELHOR.

TODO ANO DÃO UM POUCO DO MEU DINHEIRO PARA PESSOAS QUE FIZERAM COISAS BOAS. ELAS TAMBÉM GANHAM UM CÍRCULO DE OURO COM MEU ROSTO.

EU GANHEI DUAS COISINHAS DE OURO DAQUELE CARA POR DESCOBRIR ESSAS COISAS.

EU SOU UM ESPAÇO DE TERRA! AS PESSOAS AQUI MANDAVAM NA MAIOR PARTE DO MUNDO QUANDO ESTÁVAMOS APRENDENDO ESSAS COISAS, ENTÃO UM MONTE DE NOMES QUE TODO MUNDO USA HOJE VEM DAQUI.

SOU UMA CIDADEZINHA NO NORTE DAQUELE ESPAÇO. QUATRO COISAS NESTA TABELA TÊM MEU NOME.

NÃO É METAL

As coisas no alto da parte direita da tabela são coisas que não são metais. A maioria dessas coisas é bem diferente uma da outra. Muitas delas existem na forma de ar. Algumas parecem tipo uma pedra ou água e não ar. Geralmente viram ar fácil, e a maioria não é muito forte.

A LINHA
As pessoas não concordam onde fica a linha entre "metais" e "não metais", mas é por aqui. A linha vai para baixo e para a direita.

AR, ÁGUA E FOGO
As coisas neste espaço da tabela fazem várias coisas. Quando você as coloca perto de coisas da outra ponta da tabela, podem virar vários tipos de água, começar fogo ou fazer tudo explodir.

AR PARADO
A ponta da tabela geralmente não faz barulho. Quando você coloca esses tipos de ar com outras coisas, geralmente elas não percebem.

O AR AQUI DENTRO

DOUTORES DAS ESTRELAS
Pessoas que aprendem como as estrelas funcionam chamam tudo abaixo desta linha de "metal". Isso é meio estranho. Mas as estrelas são feitas de coisas acima desta linha, então também meio que faz sentido que os doutores das estrelas não se importem tanto com outras coisas.

		COISA QUE NÃO DEIXA O VIDRO DA COZINHA QUEBRAR QUANDO ESTÁ QUENTE	A COISA QUE FAZ TODA A VIDA CONHECIDA	A PARTE DO AR QUE NÃO PRECISAMOS RESPIRAR PARA FICAR VIVOS	A PARTE DO AR QUE PRECISAMOS RESPIRAR PARA FICAR VIVOS	AR VERDE QUE QUEIMA E MATA	AR EM PLACAS FEITAS DE LUZ COLORIDA
		ESTE METAL	A PEDRA QUE FAZ PRAIAS, VIDRO E CÉREBRO DE COMPUTADOR	PEDRAS BRANCAS QUE QUEIMAM	PEDRAS AMARELAS COM CHEIRO RUIM (TIPO ASSIM)	COISA QUE COLOCAM NOS BURACOS COM ÁGUA PARA QUE COISAS RUINS NÃO CRESÇAM NELES	AR QUE NÃO FAZ QUASE NADA
O METAL CINZA NO MEIO DA TERRA	METAL MARROM QUE USAMOS PARA LEVAR FORÇA E VOZES	METAL QUE SE USA PARA DEIXAR O METAL MARROM MAIS FORTE (E QUE HOJE SE USA PARA VÁRIAS COISAS)	METAL MEIO ÁGUA QUE FAZ LATAS DE BEBIDA RASGAREM COMO PAPEL	METAL QUE LEVA O ANTIGO NOME DESTE LUGAR	A PEDRA MAIS CONHECIDA POR MATAR SE VOCÊ COMER	PEDRA QUE PODE FAZER UMA FORÇA VIRAR OUTRA	ÁGUA VERMELHA	AR QUE OS DOUTORES USAM PARA FAZER LUZES FINAS E FORTES PARA CORTAR OLHOS
IS QUE SE USA S PARA DEIXAR A MAIS LIMPA		METAL QUE SE USAVA NA TINTA ATÉ DESCOBRIREM QUE DEIXAVA AS PESSOAS DOENTES	PARTE DO METAL PRATA QUE VOCÊ PODE AQUECER EM CASA PARA JUNTAR PEÇAS	METAL QUE SE COLOCA EM LATA DE COMIDA PARA A ÁGUA NÃO FAZER BURACO NELAS	METAL QUE SE COLOCA EM COISAS PARA ELAS NÃO QUEIMAREM	METAL QUE PODE SER ACHADO EM VÁRIOS LUGARES, MAS A MAIORIA NÃO É NA TERRA	COISA QUE COLOCAM AQUI PARA SEU CÉREBRO CRESCER DIREITO	AR QUE SE USA EM RAIOS DE PEGA-IMAGENS
PEDRA PELA QUAL AS PESSOAS PAGAM TANTO QUANTO OURO	OURO		METAL QUE USÁVAMOS PARA MATAR BICHOS, MAS PARAMOS PORQUE ERA MUITO BOM NISSO	METAL BEM CONHECIDO POR SER PESADO	PEDRA QUE PARECE UMA CIDADEZINHA LEGAL	ISTO	COISA QUE NINGUÉM VIU DIREITO PORQUE QUEIMA MUITO RÁPIDO	AR QUE VEM DE PEDRAS EMBAIXO DE CASAS E PODEM DEIXAR VOCÊ DOENTE
COISA QUE DURA DEZ SEGUNDOS	COISAS QUE DURAM MEIO MINUTO		COISA QUE DURA UM TERÇO DE MINUTO	COISA QUE DURA TRÊS SEGUNDOS	COISA QUE DURA MENOS DE UM TERÇO DE SEGUNDO	COISAS QUE DURAM O TEMPO QUE LEVA PARA VOCÊ FECHAR E ABRIR OS OLHOS		COISA QUE DURA O TEMPO QUE O SOM LEVA PARA ANDAR 30 CM

METAL DE DINHEIRO
Usamos muitas coisas neste grupo como dinheiro — mas não as de baixo, porque elas somem muito rápido.

(Pessoas que entendem muito de dinheiro até pensam que ter dinheiro que some com o tempo seria bom, mas acho que não iam querer que fosse *tão* rápido assim.)

SENTIR MELHOR
Esta coisa é feita da pedra que parece uma cidadezinha. Se você sentir que comida vai sair da sua boca, pode comer ou beber um pouco disso e talvez se sinta melhor.

TANTAS PARTES DO MUNDO!

| METAL QUE LEVA O NOME DESTE LUGAR | METAL QUE PUXA OUTROS QUANDO FICA UM POUQUINHO MAIS GELADO QUE O AR NORMAL | OUTRO METAL QUE LEVA O NOME DESTA CIDADEZINHA | METAL COM NOME QUE QUER DIZER "DIFÍCIL DE PEGAR" | METAL QUE LEVA O NOME DESTE LUGAR | OUTRO METAL QUE LEVA O NOME DESTA CIDADEZINHA | NOME QUE USAVAM PARA AS PESSOAS DAQUI | EU JÁ ENTENDI QUE A CIDADEZINHA É LEGAL, PÔ | METAL QUE LEVA O NOME DESTE LUGAR |
| COISA NAS CAIXAS QUE DIZ QUANDO SUA CASA ESTÁ PEGANDO FOGO LEVA O NOME DESTE LUGAR | METAL QUE LEVA O NOME DELA | METAL QUE LEVA O NOME DESTE LUGAR | METAL QUE LEVA O NOME DESTE LUGAR | METAL QUE LEVA O NOME DELE | METAL COM NOME DA PESSOA QUE AJUDOU A CONSTRUIR O PRIMEIRO EDIFÍCIO QUE TIRA FORÇA DE METAL PESADO | METAL QUE LEVA O NOME DELE ISSO FOI IDEIA MINHA.  | METAL QUE LEVA O NOME DELE | METAL QUE DURA QUATRO MINUTOS |

NOSSA ESTRELA

O Sol é uma estrela. Ele é igual a outras estrelas, mas parece que brilha mais porque fica mais perto. O Sol brilha tanto que só conseguimos ver outras estrelas quando a Terra cobre a luz dele.

Estrelas são nuvens de ar que se juntaram com tanta força que começaram a queimar. O ar do Sol está queimando desde antes de a Terra se formar, e vai continuar queimando durante mais ou menos esse mesmo tempo.

Depois que o Sol ficar sem ar para queimar, vai ficar grande por um tempo curto, estourar com muito calor e virar uma bola pesada e pequena que esfria aos poucos.

AR EM VOLTA DO SOL
Existe ar em volta do Sol, como na Terra, mas não existe uma pele dura embaixo deste ar. Ele só vai ficando mais grosso até o meio.

O ar em volta do Sol é até mais quente que umas partes de dentro. Isso é muito estranho. Não sabemos direito por que é assim.

MEIO
O meio do Sol é onde fica a maior parte do seu peso e onde acontece o fogo especial. O fogo especial só começa se o ar ficar junto com muita, muita força. (É o fogo que dá força para nossas maiores máquinas de queimar cidades.)

LUZ DE FOGO
Em volta do meio do Sol, o ar quente não sobe. O ar quente só sobe quando tem ar mais frio em cima e, perto do meio do Sol, *todo* o ar é quente. Quem leva o calor pelo Sol é a luz, assim como é a luz que leva o calor do Sol até o seu rosto.

A luz faz um caminho doido pelo ar do Sol. É um caminho tão longo que pode levar bastante tempo para chegar à pele — várias centenas de vidas humanas.

PONTOS ESCUROS
Às vezes aparecem pontos escuros e mais frios no Sol, por causa da força que passa pela pele dele. As grandes tempestades de fogo geralmente vêm de lugares com pontos escuros.

AR QUENTE
O ar que pega fogo no meio do Sol manda luz e calor em todas as direções. O ar no Sol está tentando cair para o meio, mas a luz e o calor o mandam embora.

Perto da pele do Sol, o ar sacode, sobe e gira, como um copo de água quando você aquece.

O fogo do meio do Sol aquece o ar. O ar sobe e vira ao contrário, levando calor para a pele, e de lá o calor é mandado para o espaço (a maior parte como luz). Parte do ar também é mandada embora, mas a maior parte — mais fria, graças à viagem ao espaço — cai de volta para ser aquecida de novo.

TEMPESTADES DE FOGO
O ar no Sol faz força quando se mexe (pelo mesmo motivo que uma roda de girar consegue fazer força passar por fios de metal). Às vezes, a força passa pela pele do Sol e manda parte do fogo do Sol para o espaço. Essas tempestades de fogo levam força com elas e, se baterem na Terra, podem estragar computadores e fios de força.

QUANTO CALOR?
Embora seja muito quente, o fogo não faz mais calor tão rápido. Um espaço de ar no meio do Sol faz quase tanto calor quanto o corpo de um bicho de sangue frio do mesmo tamanho.

Mesmo que isso não pareça muita coisa, o Sol é tão grande — e tem uma camada de ar tão grossa em volta — que o calor se junta e o deixa mais quente que qualquer bicho.

POR QUE ESTRELAS ACONTECEM

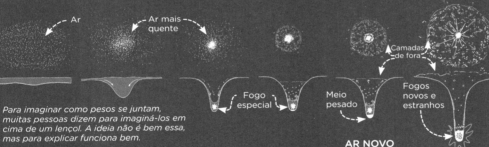

NUVEM DE AR
Uma estrela começa como nuvem de ar no espaço. Essa nuvem está sempre se mexendo, empurrando e sentindo ondas passarem por ela, como a pele do mar.

Depois de um tempo, acontece de um bolsão de ar chegar perto a ponto de que o seu peso puxando vira mais forte que a força que o deixa esticado.

Quando o ar se junta, ele fica mais pesado. Aí ele empurra com mais força e isso puxa mais ar.

Quando o ar se junta, também fica mais quente. É com o calor que o ar faz força contra o que o estiver forçando a ficar junto.

Mas, nesta nuvem, aquele calor não é tão forte quanto a força do peso do próprio ar puxando, então ele fica menor e mais quente.

FOGO ESPECIAL
Parece que o ar vem ficando menos e mais quente desde sempre. Mas, quando fica bem quente, aparece outro tipo de calor.

Quando o ar é forçado a ficar junto com bastante força, as pecinhas de que é feito se grudam. Quando isso acontece, elas soltam muita luz e calor. É o calor que dá força para nossas grandes máquinas de queimar cidades.

Quando uma nuvem de ar fica muito quente, começa esse tipo de fogo, e um calor grande sopra de onde ele queima. Esse vento quente é tão forte que luta com a força que leva o ar a ficar junto. O ar fica mais quente, mas para de ficar menor. Nasce uma estrela.

A força que leva para fora faz parar a força que leva para dentro. Se a estrela ficar um pouco mais junta, o fogo queima com mais calor, forçando-a para fora de novo.

Uma estrela como o Sol tem ar para queimar por bastante tempo — o suficiente para mundos e vidas se formarem. Mas não pode queimar para sempre.

AR NOVO
Quando a estrela queima ar forçando-o a ficar junto, faz um novo tipo de ar mais pesado. Esse tipo de ar não queima tão bem. Então ele se junta, sem queimar, no meio da estrela.

O peso do ar novo força a estrela a ficar junta, fazendo o fogo queimar mais quente. O vento desse fogo mais quente sopra as partes de fora da estrela para mais longe. Com o tempo, a estrela cresce.

Quando ela começa a ficar sem ar para queimar, o meio se junta ainda mais, criando outros tipos de fogo que sopram as camadas de fora para mais longe da estrela. A estrela fica bem, bem grande... e, quando os fogos começam a apagar, a força que segura o peso da estrela some, e ela começa a cair sobre ela mesma.

O FIM DA TERRA
Quando o Sol ficar muito grande, sua beira vai tocar na Terra, e a Terra vai cair e queimar até o fim. Você não tem que se preocupar com isso agora. Se nós quisermos continuar vivos depois da morte do Sol, existem vários problemas que precisamos resolver antes. Preocupar-se com isso agora seria como se preocupar que um dia uma árvore vai crescer onde você está parado agora.

O ÚLTIMO FOGO
Quando a estrela morrendo fica mais junta, fica mais quente do que nunca. Nesse calor, até coisas que não queimavam antes começam a queimar, fazendo tipos de ar novos e estranhos. (Boa parte das coisas de que somos feitos na Terra vem de fogo assim.)

Muito calor e luz vão sair desse último fogo, e, por um momento, a estrela pode virar a coisa que mais brilha em todo o espaço.

O QUE SOBRA
O calor sopra a maior parte da estrela para o espaço. Às vezes, o que sobra da estrela vai se juntar até virar uma bola branca que brilha, de ar duro que esfria de forma lenta. Um dia isso vai acontecer com o Sol.

Se a estrela for maior que o Sol, talvez tenha peso demais para parar ali. O peso da bola dura vai fazê-la continuar caindo sobre ela mesma, até ficar tão forte que puxa até luz, deixando para trás um buraco preto no espaço.

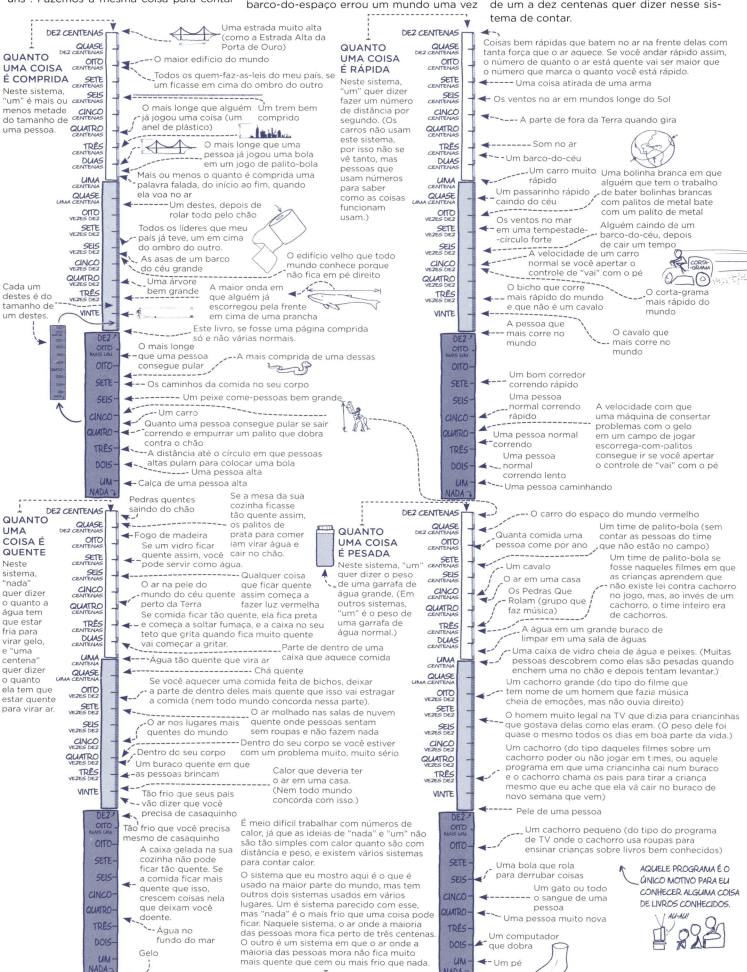

SALA DE AJUDAR PESSOAS

Sempre tem algumas coisinhas no nosso corpo que dão errado, mas os corpos são bons em consertar problemas. Tem partes que quebram, mas os corpos fazem novas. Coisinhas bem pequenas tentam nos deixar doentes, mas nossos corpos são cheios de grupos de maquininhas que saem voando por todo lado procurando coisas que não deveriam estar lá e se livram delas. Geralmente esses problemas se resolvem sem que você saiba!

Mas, assim como existem lugares para onde não podemos viajar sem ajuda de outras pessoas e máquinas — como a Lua, o fundo do mar —, tem problemas que não podemos consertar sem ajuda de outras pessoas e máquinas.

Quando estamos doentes ou alguma coisa dá errado no nosso corpo, às vezes precisamos visitar uma sala cheia de máquinas como estas para conversar com doutores e receber a ajuda de que precisamos.

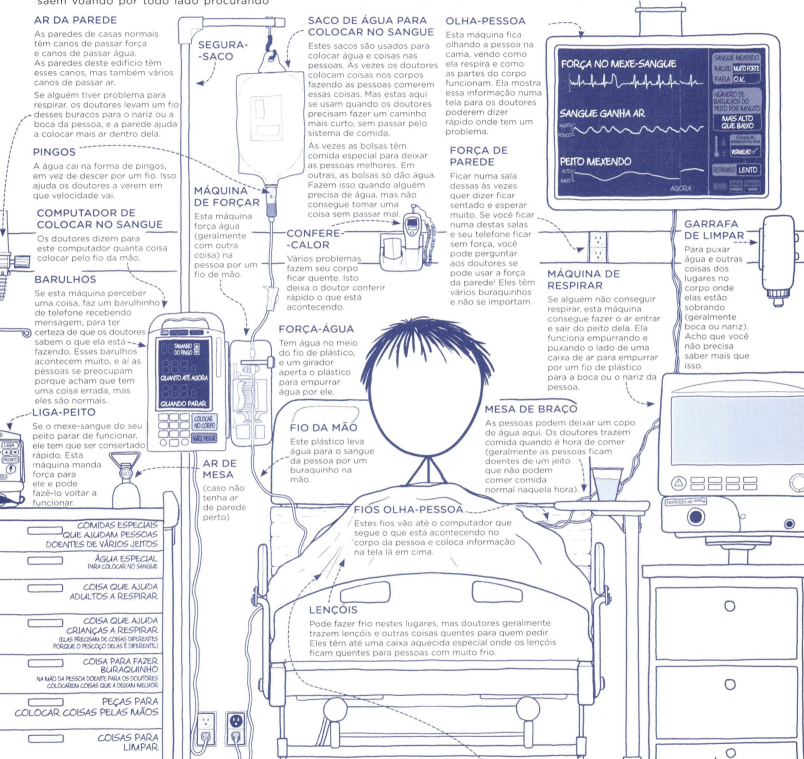

CAMPOS DE JOGO
E o tamanho deles.
(Os campos de verdade são dez centenas de vezes maiores que estes desenhos.)

Existem vários jogos que se jogam atirando coisas, chutando coisas, batendo em coisas e usando palitos. Os jogos juntam essas coisas de vários jeitos:

ATIRAR/BATER · **CHUTAR** · **COM PALITOS** · **CARREGAR**

Neste jogo, um de cada time pode atirar a bola com a mão.

BOLA-E-PALITO
Neste jogo, uma pessoa que joga em um time atira a bola e uma pessoa que joga no outro time tenta acertá-la com um palito.
Se a pessoa com o palito bate na bola, corre por um caminho no campo e tenta chegar ao fim do caminho antes de o outro time achar a bola e trazê-la de volta para tentar tocar os jogadores do outro time com ela. Jogadores que são tocados pela bola, ou que são impedidos por alguém a segurando, têm que parar de correr nesse caminho e deixar o campo por um tempo.

SEGURADOR DO MEIO-LONGE

PAREDE — Se você bater a bola por cima desta parede e nenhum guarda pegá-la no ar, eles não podem buscar.

SEGURADOR DA ESQUERDA-LONGE — Os jogadores aqui tentam pegar a bola e aí têm que impedir os jogadores do outro time de correr. Os guardas ficam perto do caminho de correr e tentam tocar nos que correm com a bola.

SEGURADOR DA DIREITA-LONGE

GUARDA A MAIS · **GUARDA DO SEGUNDO PRATO** · **GUARDA DO TERCEIRO PRATO** · **GUARDA DO PRIMEIRO PRATO** · **ATIRADOR** · **BATEDOR** (outro time) · **SEGURADOR** · **DECIDE-LEI** · **CAMINHO DE CORRER**

O atirador, o segurador e o guarda do primeiro prato geralmente são maiores que os outros jogadores, já que geralmente não precisam correr muito.

BOLA NO CÍRCULO
Dois times jogam este jogo com uma bola grande vermelho-amarela em um chão duro. Cada time tenta fazer a bola passar por um círculo pendurado na ponta do chão do outro time. Podem atirar a bola, mas não chutar nem carregar. Se quiserem carregar a bola, precisam ficar atirando no chão e pegando quando ela volta.

SOCORRO!

LINHA DO FIM — Se você levar a bola depois dessa linha, seu time ganha pontos.

Se sair desta linha, você tem problemas.

ESPAÇO DO FIM — Você também consegue pontos pegando a bola neste espaço do fim.

BOLA-PÉ (NO MEU PAÍS)
Neste jogo, cada time tenta fazer a bola chegar à outra ponta do campo. Podem carregar, atirar e às vezes chutar a bola, enquanto os outros tentam carregar, atirar e às vezes chutar *o outro time*.

BOLA-PÉ (EM QUASE TODOS OS PAÍSES)
Neste jogo, cada time tenta fazer a bola passar por uma porta na outra ponta do campo. Quase todos os que jogam não podem usar as mãos, mas cada time tem uma pessoa que fica na porta e geralmente *usa* as mãos.

TIME DA ESQUERDA · **TIME DA DIREITA**

PALITOS DA PONTA — Se você chuta a bola entre estes palitos, você ganha pontos. Mas não tanto quanto se carregar a bola até a linha do fim.

PAREDE ALTA — Esta parede é feita de fios finos para você ver o outro lado.

BOLA NA MÃO E NO BRAÇO
Dois times ficam dos lados de uma parede alta que deixa ver do outro lado. Eles usam os braços para tentar bater em uma bola grande cheia de ar por cima da parede e voltar sem que ela toque no chão do lado deles. O time que a deixar tocar no chão do lado deles menos vezes ganha.

Eles podem usar braços e mãos para acertar a bola, mas não podem segurar a bola.

BOLA NO PALITO COM CÍRCULO
Dois jogadores (ou times de dois) ficam de cada lado de uma parede curta. Cada jogador usa um palito reto com uma parede em forma de círculo na ponta para bater na bola e fazê-la voltar para o outro lado por cima da parede.

Os jogadores podem ficar à distância que quiserem.

PAREDE

ESCORREGA COM PALITOS
Dois times jogam este jogo com palitos, uma pedrinha de plástico e um campo de gelo com uma porta em cada ponta. Os jogadores escorregam bem rápido batendo na pedra com os palitos, cada um tentando fazê-la passar pela porta do outro time.

PORTA

CAIXA PARA QUEM FEZ O QUE NÃO DEVIA

PORTA

PODE?
SIM SIM NÃO NÃO SIM NÃO NÃO

	PODE BATER	NA PEDRA	NOS JOGADORES
PALITOS	✓	✓	
PEDRA			✓
JOGADORES	✓		✓

A TERRA, ANTES
Tudo* que aconteceu até aqui • *NÃO TUUUUUDO-TUDO

Aprendemos a história da Terra pelas pedras. Pedras ficam em camadas e, quando olhamos camadas de várias partes do mundo, que são de idades diferentes, podemos montar uma história que vai quase até o início do mundo.

A imagem mostra como seria se você pudesse olhar toda a história da Terra em um único grupo de camadas, sendo todos os anos da mesma grossura. Na vida real, não existe um lugar só com todas essas camadas, e não existe nenhuma camada da parte mais antiga da história da Terra.

Toda a história humana, desde que aprendemos a escrever e a construir cidades, é uma camada fina como uma folha.

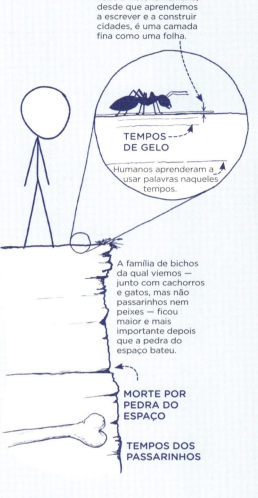

HOJE

TEMPOS DOS PASSARINHOS

TEMPOS DAS ÁRVORES

PEDRA DO ESPAÇO BATE NA TERRA
Uma pedra grande bateu na Terra e vários bichos morreram. Alguns grupos viveram, como passarinhos, alguns peixes e nossos pais.

TEMPOS DOS PASSARINHOS
Um grupo de bichos grandes e bem conhecido viveu naqueles tempos. Os passarinhos daqueles tempos são os únicos bichos daquela família vivos hoje, mas muitos outros bichos vieram dela no passado — como os grandes de pescoço comprido e os que mordem com dentes grandes.

TEMPOS DE GELO
Humanos aprenderam a usar palavras naqueles tempos.

A GRANDE MORTE
Quase tudo morreu aqui, e não sabemos direito por quê. Aconteceram muitas mudanças estranhas no ar e no mar. Perto daqueles tempos, uma grande camada de pedra quente saiu da Terra e cobriu uma parte grande do mundo. Então, seja lá o que tenha acontecido, foi muito feio.

TUDO FICA FRIO
Aqui a Terra ficou muito fria e o gelo cobriu muitas coisas, até partes no meio onde geralmente é quente.

A VIDA FICA GRANDE E ESTRANHA
Perto daqueles tempos, bichos grandes começaram a aparecer. Se você achar pedras daqueles tempos, vai ver várias coisas estranhas.

TERRAS SE JUNTAM E QUEBRAM
Hoje, as terras da Terra estão quebradas em cinco ou seis grandes lugares com água no meio. Antes disso, era tudo junto. Achamos que esse quebra e empurra aconteceu algumas vezes, mas é difícil saber quantas.

A família de bichos da qual viemos — junto com cachorros e gatos, mas não passarinhos nem peixes — ficou maior e mais importante depois que a pedra do espaço bateu.

MORTE POR PEDRA DO ESPAÇO

TEMPOS DOS PASSARINHOS

O TEMPO SIMPLES
A vida foi bem simples por muito tempo. Não tinha bichos. A maior parte da vida era pequena, ou feita de saquinhos de água que andavam sozinhos ou grandes grupos de saquinhos que cresciam em pilhas grandes no chão do mar.

A GRANDE MUDANÇA NO AR
Perto daqueles tempos, o ar mudou. Apareceu um tipo de vida que comia a luz do sol e soltava outro tipo de ar. Esse novo ar provavelmente matou tudo mais, e pela primeira vez deixou o fogo possível. Mas também faz parte do ar que precisamos para respirar, então fez bem para nós!

Árvores e flores fazem o mesmo tipo de respiração que esta vida do início. Achamos que as coisas nas folhas que as deixam comerem luz do sol — a coisa que as faz serem verdes — são filhos da vida que mudou o ar.

PEDRA DO ESPAÇO BATE NA TERRA

PEDRA DO ESPAÇO BATE NA TERRA

FIOS DE METAL VERMELHOS
Já existiu um tipo de metal que ficava espalhado pelas águas do mar (do mesmo jeito que a coisa branca que colocamos na comida hoje).

Quando o ar mudou, a água mudou também. O metal ficou vermelho e caiu no fundo do mar, deixando fios vermelhos bonitos nas pedras.

Usamos o metal dessas camadas para fazer coisas como máquinas e edifícios.

A GRANDE QUEDA DE PEDRA
A maioria dos grandes círculos na Lua parece ser daqueles tempos, e isso nos fez pensar que tinha muitas pedras voando por aí e batendo nos mundos.

As pedras podem ter sido atiradas em nós pelos grandes mundos de ar longe do Sol. Quando eles entraram nos caminhos em círculo — alguns deles podem ter mudado de lugar! —, seu puxar teria mudado o caminho dessas pedras na volta desses mundos, e algumas dessas pedras podem ter batido em nós.

Se as pedras bateram na Lua, é quase certo que bateram na Terra (e outros mundos perto de nós) e podem ter feito terras correrem como água e mares virarem ar.

PRIMEIROS SINAIS DE VIDA
Os primeiros sinais de vida aparecem nestas pedras. Encontramos pedras pretas (o tipo que se usa em palito de escrever) que achamos que podem vir destas coisas vivas.

Mas existem poucas pedras desses tempos, que são velhas e difíceis de entender.

VIDA MAIS VELHA?
Toda a vida é parte de uma família só e a informação que fica nos nossos saquinhos de água muda com o tempo, pois os bichos têm filhos e esses filhos têm filhos. Olhando a informação guardada nas bolsinhas de água das coisas vivas, os doutores conseguem descobrir quanto tempo faz que os pais desses bichos viveram.

Quando as pessoas tentam entender a idade dos pais dos bichos, às vezes chegam a um número mais *velho* que o da grande queda de pedra.

Mas achamos que os mares viraram ar e as pedras viraram fogo, e é difícil entender como alguma coisa teria vivido naquilo.

TERRA SE FORMA
A Terra se formou da mesma nuvem que o Sol e outros mundos, naqueles mesmos tempos. Era quente quando se formou, mas achamos que esfriou bem rápido, porque vimos sinais de que existia água quase desde o início.

LUA SE FORMA
Achamos que outro mundo bateu na Terra aqui, quando ela estava se formando, e toda pedra que saiu dela virou a Lua.

PERGUNTAS
Esta imagem mostra camadas de pedra desde o início da Terra, mas, no mundo real, não existem grandes espaços de pedra sobrando de antes daqueles tempos, por isso é difícil dizer como era. Achamos que tinha mares, pelo menos em parte, mas não sabemos direito como eram.

ÁRVORE DA VIDA

Toda a vida (que nós conhecemos) faz parte de uma família. Todos viemos de uma coisa viva que apareceu nos primeiros dias da Terra. Essa coisa viva cresceu, teve filhos e, com o tempo, mudou. Pessoas, árvores, folhas e flores são todos filhos dessa primeira vida.

Quando as coisas vivas fazem mais coisas vivas, a informação que passa para elas muda, fazendo as coisas novas serem um pouco diferentes das antigas. Com o tempo, essas pequenas mudanças podem levar a tipos bem diferentes de coisas vivas. Esta árvore mostra como tipos diferentes de vida apareceram a partir de outras.

A árvore não mostra todas as coisas vivas, nem a maioria. Só mostra algumas das coisas vivas que você deve conhecer, junto com qual galho da família da vida em que está.

O COMEÇO

Este é o começo de toda a vida conhecida. Aqui, as pecinhas que mandam informação de pais a crianças acabaram juntas em um saco de água, e o saco começou a fazer mais sacos.

Não sabemos exatamente como isso aconteceu; é uma das maiores perguntas que as pessoas estão trabalhando para responder.

???
Ainda estamos tentando saber que coisas se juntaram aqui e quando.

DOIS GRUPOS

No início, a vida se quebrou em dois grandes galhos. As coisas nos dois galhos eram feitas de saquinhos de água e eram muito simples.

As coisas nesses galhos se parecem muito entre si — levou um tempo para descobrirem o que eram, vindo de partes tão diferentes da árvore da vida.

COMO O TERCEIRO GRUPO COMEÇOU

Em algum momento, talvez quando a Terra tinha metade da idade de hoje, alguns destes sacos comeram outros sacos, e os sacos comidos começaram a morar dentro deles.

Essas novas coisas vivas, feitas dos dois grupos juntos, criaram um terceiro grupo. Passado um tempo, as pequenas coisas vivas naquele grupo começaram a se grudar para fazer coisas vivas maiores. Todas as coisas vivas feitas de mais do que um saco de água — como árvores, moscas e humanos — vêm deste grupo.

Os outros dois grupos ainda existem e, em certo sentido, são bem maiores que o nosso. Os bichos nesses grupos são muito pequenos, mas existem tantos tipos diferentes, que ninguém conseguiu chegar perto de contar todos. Eles moram por toda parte, dos mares ao ar e dentro dos nossos corpos e da nossa comida. Alguns se encontram até bem abaixo da pele da Terra, onde vivem comendo pedras e metal. (Até as encontrarmos, não sabíamos que coisas vivas faziam isso.)

PARA QUE SERVE ESTA ÁRVORE

Você pode usar esta árvore para dizer o quanto um bicho é parecido com outro seguindo os caminhos. Um bicho que tem um caminho que começou no mesmo que o nosso bem cedo é diferente de nós em mais coisas do que um bicho que tem um caminho que começou mais tarde, como um tio ou tia tem mais coisas diferentes que um irmão ou irmã.

Às vezes, essas famílias podem mostrar surpresas. Passarinhos e humanos são mais próximos entre eles do que nós dos peixes que temos em casa, o que faz sentido. Mas esses peixes são mais próximos dos humanos do que dos grandes peixes que mordem e que às vezes comem pessoas, o que é estranho!

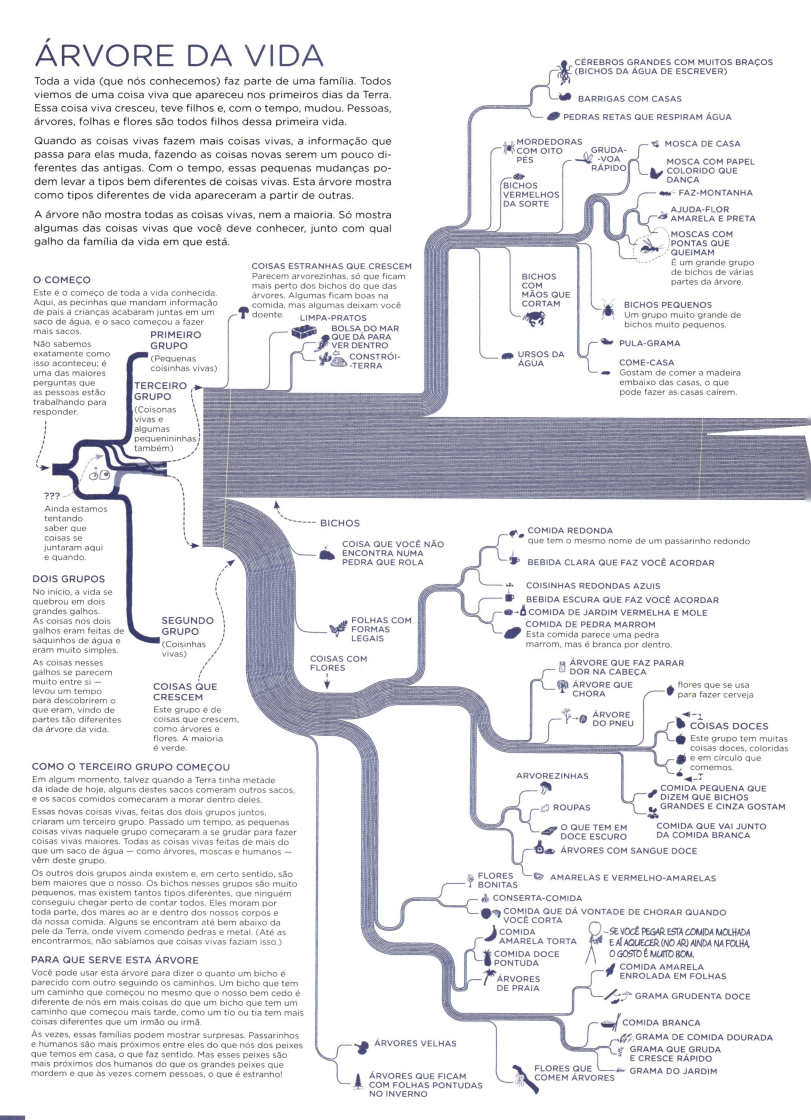

BICHOS COM OSSOS

Os bichos nesta parte da árvore têm ossos por dentro. Alguns dos bichos em outras partes da árvore têm partes duras no corpo, mas geralmente por fora. Os bichos nesta parte têm ossos por dentro, e as partes moles ficam penduradas.

GRANDE PEIXE QUE MORDE
Às vezes comem pessoas, mas não muitas.

PEIXES NORMAIS
(Alguns também mordem.)

PULA-ÁGUA

PULA-ÁGUA COM PONTAS COMPRIDAS ATRÁS
São como os pula-água, mas têm pontas atrás e não pulam.

BICHOS COM CABELO
Fazemos parte deste grupo. Estes bichos geralmente têm cabelo, fazem água branca para bebês beberem e não põem ovos.

BICHO ESTRANHO
Este bicho parece parte gato, parte peixe e parte passarinho. Ele saiu dos outros bichos com cabelo bem cedo, por isso é tão diferente e tão estranho.

MOÇAS DO MAR INVENTADAS
Não parecem moças, mas as pessoas diziam que eram.

NARIZ-BRAÇO GRANDE E CINZA

SOBE-LENTO

GATOS COM PELE DURA QUE SE ENROLAM

COME-BICHOS
A maioria destes bichos come outros bichos. Existem dois tipos principais: tipo-gato e tipo-cachorro.

(Gatos e cachorros estão nesses grupos, é claro. Mas outros bichos, tipo ursos, também estão.)

TIPO GATO

PASSARINHO COM PELE
As pessoas acham que estes ficam perto dos come-comida de casa com dente grande, mas são mais parecidos com peixes do ar grandes e cavalos.

CACHORROS MORDE-MORDE COMPRIDOS
CACHORROS COM CHEIRO RUIM
CACHORROS DE RIO
CACHORROS DE MAR
URSOS
FAMÍLIA CACHORRO
CACHORROS (NÃO NOSSOS AMIGOS)
CACHORROS (NOSSOS AMIGOS)
CACHORRINHOS
CACHORRINHOS QUE GRITAM

TIPO CACHORRO

TIPO-CACHORRO

GATO QUE RI
GATO RÁPIDO

FAMÍLIA GATO

GATO DA NEVE
GATO COM MANCHAS (MUNDO VELHO)
GATÃO
GATO COM LINHAS
GATO COM MANCHAS (MUNDO NOVO)
GATO DE CASA

TIPO-GATO

GATO DA MONTANHA
Este gato tem muitos nomes. Muitas pessoas não sabem que são nomes do mesmo bicho.

QUASE GATO
Este bicho parece um gato de pescoço comprido. É a coisa mais perto do gato que não fica na família gato.

EU QUERO UM!
MRAU?

BICHO ROSA QUE COMEMOS
PESCOÇO COMPRIDO
BICHO QUE DÁ MUITA COMIDA
CORRE NAS ÁRVORES
BICHO BRABO DO RIO
CAVALO DA AREIA
PEIXE QUE RESPIRA AR (NÃO É PEIXE)
CAVALO
CAVALO COM LINHAS DE PREÇO
BICHO CINZA GRANDE COM CARA PONTUDA

CALOR DO CORPO
Alguns bichos neste grupo tiram a maior parte do calor do mundo em volta e não dos corpos. Quando o mundo fica gelado, eles também ficam.

Nem todo bicho neste grupo é assim. Alguns deles, como os passarinhos, ficam quentes igual a nós.

BEBÊS NO BOLSO
Muitos destes bichos guardam bebês em bolsos e dão comida para eles ali.

BOLSAS DE ALIMENTAR BEBÊ
Estes bichos ficam ligados nos bebês com uma bolsa de alimentar até o bebê nascer.

CAMINHADOR LENTO DA NOITE
CACHORRO QUE MORDE CARA
PULADORES COM BOLSOS

SOBE-PAREDE SANGUE FRIO
MORDEDORA COMPRIDA SEM BRAÇOS NEM PERNAS
PEDRAS LENTAS COM PERNAS E CABEÇA
BICHO QUE PARECE UMA ÁRVORE NA ÁGUA
... mas que pode comer você.

BICHOS COM DENTES GRANDES NA FRENTE

PEQUENOS COME-COMIDA DE CASA
PARA-RIOS
PULA-ÁRVORES CINZA
GATOS PONTUDOS
PULADORES COM ORELHAS COMPRIDAS

A FAMÍLIA DE ONDE VÊM OS PASSARINHOS
Passarinhos são membros vivos de uma família muito conhecida. Alguns dos bichos desta família foram os maiores que já viveram em terra.

Eles viveram, cresceram e mudaram durante muito tempo. Quando uma pedra do espaço bateu na Terra, a maioria dos que estavam vivos morreu, mas alguns grupos não. Chamamos o galho de onde vêm esses grupos de "passarinhos".

Às vezes você ouve pessoas dizerem que passarinhos vieram dessa família, mas que não fazem *parte* dela. Errado! Quase de todo jeito que você contar, passarinhos são parte daquela família.

x **TIPO PONTUDO**
x **TIPO COM PLACAS**
x **TIPO QUE MORDE**
✓ **PASSARINHOS**
x **TIPO COMPRIDO**

BICHOS DE MÃO
Estes bichos são bons em escalar. Estamos neste grupo.

GRANDES ANDAM-PELA-MÃO
BICHOS COM MÃO AMIGA
BICHOS DE MÃO QUE USAM PALITOS
HUMANOS
BRAÇOS FORTES
ESCALADOREZINHOS
Alguns dos bichos neste grupo são menores que sua mão!

TIPO HUMANO

Esta é só uma parte bem pequena da árvore da vida. A árvore inteira é muito grande para caber em um desenho só, e existem muitos tipos de vida para uma pessoa dar nome a todas — mesmo que use quantas palavras quiser.

E, falando sério, uma árvore da vida de verdade não teria só uma linha para todo *tipo* de vida. Teria uma linha para cada coisa viva que já existiu, e todas iam se cruzar e se encontrar e andar pela página, ia passar bem lento de um tipo de vida para outro, em um caminho que chega lá atrás, sem parar, até aquela primeira vida.

Ninguém sabe direito quantas coisas vivas existem no mundo, mas podemos dar alguns chutes. Chutes grandes. Não só não podemos encontrar muitas palavras para falar de todas essas vidas, temos dificuldade até em conversar sobre esse número.

Um jeito de pensar sobre quantas coisas viveram na Terra: o mundo é coberto de mares com areia em volta. Um dia, quando você caminhar na areia perto do mar, pegue a areia e olhe. Pense que esse pedacinho de areia que estava embaixo dos seus pés é um mundo inteiro, que cada pedacinho tem seus mares e areia, igual à Terra.

A árvore da vida inteira tem tantas coisas vivas quanto tem pedacinhos de areia em todas as areias em todos estes mundinhos de areia juntos.

Perto do mundo de que estamos falando, todos os nossos mundos são pequenos.

AS DEZ CENTENAS DE PALAVRAS QUE AS PESSOAS MAIS USAM

Este é meu grupo de dez centenas de palavras que as pessoas mais usam.

Existem muitos jeitos de contar o quanto as pessoas usam uma palavra. Você pode ver quais palavras as pessoas usam em programas de TV, em livros, em folhas com coisas que aconteceram, nas cartas que escreveram ou quando mandam mensagens de computador. Você também pode ver as palavras que são mais usadas agora, ou palavras que foram usadas nos últimos dez anos, ou na última centena. Você pode ver todos esses livros, ou livros de histórias inventadas, livros de histórias que aconteceram de verdade ou livros velhos bem conhecidos. Esses jeitos diferentes de contar criam grupos diferentes de palavras que as pessoas mais usam.

Eu queria escrever este livro só com palavras que as pessoas achassem conhecidas e fáceis. Para escolher o grupo de dez centenas de palavras que eu ia usar, olhei vários grupos de palavras juntas de vários jeitos (até fiz uma lista contando as palavras nas mensagens de computador que as pessoas me mandavam). Procurei mais os grupos de palavras feitas com livros que contavam histórias inventadas, já que descobri que contar quanto uma palavra era usada nesses livros combinava bem com o quanto ela seria "fácil".

Se os grupos diferentes concordavam que uma palavra era muito usada, eu juntava nas minhas dez centenas. Se eles não concordavam com uma palavra, eu usava a minha ideia do quanto a palavra era fácil para decidir se ela ficava nas dez centenas.

Se você quiser tentar explicar uma coisa usando apenas as dez centenas de palavras da língua do meu país, pode usar <xkcd.com/simplewriter> para conferir as palavras enquanto escreve!

NOTA DA PESSOA QUE ESCREVEU ESTE LIVRO EM OUTRA LÍNGUA: O texto da pessoa que pensou o livro fala sobre como ele escolheu as dez centenas de palavras da língua que se fala no país dele. No caso deste livro, as dez centenas de palavras da língua que se fala no nosso país entraram na lista a partir das dez centenas da pessoa que pensou o livro, mas também pensando se eram palavras conhecidas e fáceis.

à	andar (s.)	baixar	cabelo	chamar
abaixo	andar (v.)	baixo	cabeça	chance
abrir	anel	balançar	caber	chão
acabar	animar	barco	cachorro	chapéu
aceitar	aniversário	barra	cada	chave
acender	ano	barriga	cadeira	chefe
acertar	antes	barulho	caidor	chegar
achar	anti	bastante	cair	cheio
acima	antiga	batedor	caixa	cheiro
acompanhar	apagar	bater	calça	chorar
acontecer	aparecer	beber	calmo	chover
acordar	apenas	bebê	calor	chutar
adesivo	apertar	bebida	cama	chute
adivinhar	apontador	beijar	camada	chuva
admitir	apontar	beira	caminhador	cidade
adulto	aprender	bem	caminhar	cima
afundador	aquecedor	bicho	caminho	cinco
afundar	aquecer	bilhete	caminhão	cinema
agarrar	aquele	bip	campo	cinza
agora	aqui	boca	cano	círculo
água	aquilo	bola	cansar	claro
ah	ar	bolo	capa	clic
aí	areia	bolsa	cara	cobrir
ainda	arma	bolso	carregar	coisa
ajuda	arrancar	bom	carro	colar
ajudador	arte	bonito	carta	colocar
ajudar	árvore	botão	cartão	colorido
alcançar	asa	botar	casa	com
além	assim	brabo	casaco	combinar
algo	assistir	braço	casar	comer
algum	atacar	branco	caso	começador
alguém	atalho	breve	causa	começar
ali	até	briga	cavalo	começo
aliás	atenção	brigar	cedo	comida
alimentar	atirador	brilhar	cem	como
alívio	atirar	brilho	centena	complicar
alto	atrás	brincar	cérebro	comprar
altura	através	buracadores	certeza	comprido
amarelo	atravessar	buraco	cerveja	computador
amarrar	au	burro	céu	comum
amassado	aviso	buscar	chá	concordar
amigo	azul	cá	chamada	conferidor

57

conferir	descansar	embora	falar	grito
confundir	descer	emoção	falta	grosso
conhecer	descida	emprego	família	grossura
conseguir	descoberta	empresa	fazedor	grudar
consertar	descobrir	empurrador	fazer	grudento
conserto	desde	empurrar	fechar	grupo
construir	desenhador	encaixar	feio	guarda
construtor	desenhar	encher	feliz	guardar
conta	desenho	encontrar	festa	guerra
contador	desligar	encontro	ficar	história
contar	desmontar	encrenca	fila	hoje
continuar	desse	engolir	fileira	homem
contra	deste	engraçado	filho	hora
contrário	deus	enquanto	filme	humano
controlar	dever	enrolar	fim	idade
controle	dez	ensinar	final	ideia
conversa	dezena	então	fingir	igual
conversador	dia	entender	fino	iluminar
conversar	diferente	entrada	fio	imagem
cópia	diferença	entrar	flor	imaginar
copo	difícil	entre	floresta	impedir
cor	dificuldade	errar	fogo	importância
coração	diminuir	escada	folha	importante
corda	ding	escalador	fora	importar
corpo	dinheiro	escalar	força	inclinar
corredor	direita	escola	forçador	incomodar
correr	direito	escolher	forçar	informação
cortador	direto	esconder	forma	iniciar
cortar	direção	escorregar	formar	início
corte	dirigidor	escrever	formato	inteiro
cozinha	dirigir	escritório	forte	interessante
crescer	disso	escuro	frente	interessar
crescimento	distância	escutar	frequência	inventar
criança	divertir	esfriador	fresco	inverno
criar	dividir	esfriar	frio	invés
cruz	dizer	espaço	fugir	ir
cruzar	do	espalhar	fumaça	irmão
cuidado	dobra	especial	funcionar	irritar
cuidar	dobrador	espelho	fundo	isso
curtir	dobrar	esperar	furioso	isto
curto	doce	esquecer	furo	já
curva	doença	esquerda	futuro	janela
dançar	doente	esse	galho	jantar
daquele	doer	estado	ganhar	jardim
daqui	doido	estar	garrafa	jeito
dar	dois	este	gastar	jogador
de	dono	esticar	gato	jogar
decidir	dor	estourar	gelar	jogo
decisão	dormir	estrada	gelo	juntar
dedo	dourado	estragar	geralmente	jurar
definir	doutor	estranho	gigante	lá
deitar	doze	estrela	girador	lado
deixar	duração	eu	girar	lançar
dele	durante	exatamente	giro	largo
demais	durar	exemplo	gordo	lata
demorar	duro	existir	gostar	lavadora
dente	dúvida	explicar	gosto	lavar
dentro	e	explodir	graças	legal
depender	edifício	extra	grade	lei
depois	ele	faca	grama	leitor
derrama	em	fácil	grande	lembrar
derrubar	embaixo	falador	gritar	lençol

lento	mentira	nosso	pelo	principalmente
ler	mês	nota	pena	pro
letra	mesa	notar	pendurar	problema
levantador	mesmo	novo	pensamento	procurar
levantar	metade	num	pensar	profundo
levar	metal	número	pequeno	programa
leve	metro	nunca	peraí	proibir
lhe	meu	nuvem	perceber	prometer
líder	mexedor	o	perder	pronto
ligador	mexer	observação	pergunta	provar
ligar	mim	óculos	perguntar	provavelmente
limpador	mini	odiar	permitir	próprio
limpar	minuto	oh	perna	próximo
limpeza	misturar	oi	perto	ptuuu
lindo	moça	oito	pesado	pulador
língua	mola	o.k.	pescar	pular
linha	mole	olá	pescoço	pulo
liso	molhar	olhador	peso	puro
lista	momento	olhar	pessoa	puxador
livrar	montanha	olho	pilha	puxar
livro	montar	ombro	pingo	qual
logo	monte	onda	pintar	qualquer
loja	morar	onde	pintura	quando
longe	mordedor	opção	pior	quanto
longo	morder	ordem	piscar	quão
lua	morrer	orelha	placa	quarto
lugar	morro	organizar	plano	quase
luta	morte	osso	plástico	quatro
lutador	mosca	ou	pneu	que
lutar	mostrar	ouro	pó	quê
luz	motivo	outro	pô	quebrar
machucar	movimento	ouvir	poder (s.)	queda
madeira	mrau	ovo	poder (v.)	queimadura
mãe	mudança	pagamento	poeira	queimar
maior	mudar	pagar	pois	quem
maioria	muito	página	polícia	quente
mais	mulher	pais	ponta	querer
mal	multa	país	ponto	rádio
mancha	mundo	palavra	pontudo	raio
mandar	música	palito	por (prep.)	raiva
manhã	nada	papel	por (v.)	rápido
manter	não	par	porque	rasgar
mão	naquele	para	porta	rastro
mapa	nariz	parador	possível	real
máquina	nascer	parar	pouco	receber
mar	negócio	parecer	pra	redondo
marcar	nele	parede	praia	regra
marrom	nem	parte	prancha	repente
mas	nenhum	partir	prata	resolver
matar	nesse	passar	prateado	respirar
mau	neste	passarinho	prato	respiração
me	nevar	passo	precisar	responder
medo	neve	pé	preço	resposta
meio	ninguém	peça	prendedor	resto
melhor	nisso	pedaço	prender	reto
membro	nisto	pedir	preocupar	rir
memória	no	pedra	preocupação	rio
menor	noite	pegador	preso	roda
menos	nome	pegar	prestar	rodar
mensagem	normal	peito	preto	rolador
mente	norte	peixe	primeiro	rolar
mentir	nós	pele	principal	rosa

rosto	ser (s.)	suja	tinta	velho
roubador	sério	sujeira	tio	velocidade
roubar	servir	sul	tipo	vencer
roupa	serviço	sumir	tirar	vender
rua	sete	super	tiro	vento
ruim	seu	surpreso	tocar	ver
saber	sexo	tabela	todo	verdade
saco	si	tábua	tomar	verde
sacudir	sideral	talvez	torcer	vermelho
saída	silêncio	tamanho	torta	vez
sair	sim	também	trabalhador	viagem
sala	simples	tampa	trabalhar	viajador
saltar	sinal	tanto	trabalho	viajar
sangue	sistema	tão	tranca	vida
se	slurp	tapar	trancar	vidro
secador	só	tarde	tranquilo	vinho
secar	sobrar	tchau	trazer	vinte
seguinte	sobre	tela	trem	vir
seguir	socorro	telefonar	trocar	virar
segundo (n.)	sol	telefone	tropeçar	visão
segundo (s.)	soltar	telhado	trás	visita
segurador	som	tempestade	três	visitar
segurança	sombra	tempo	tudo	vista
segurar	soprador	tentar	TV	viver
seis	soprar	ter	último	voador
sem	sorriso	terceiro	único	voar
semana	sorte	terço	um	você
sempre	sozinho	terminar	unidos	volta
senão	splosh	terra	urso	voltar
sentar	suave	testar	usar	vontade
sentido	subidor	teto	vaga-lume	voz
sentir	subir	texto	vale	
separar	substituir	tia	vários	
ser (v.)	suficiente	time	vazio	

Observações:
Neste grupo, eu conto várias formas das palavras — como "falar", "falando" e "falou" — como uma palavra só. Também usei muitas palavras que falam do que uma coisa faz, tipo "falador" — principalmente se não fosse uma palavra de verdade mas parecesse engraçada, tipo "subidor". Além disso, na língua do meu país, tem duas palavras de quatro letras que são muito comuns, mas que eu deixei de fora porque algumas pessoas não gostam de ver. (Eu não queria usar essas palavras mesmo.)

NOTA DA PESSOA QUE ESCREVEU ESTE LIVRO EM OUTRA LÍNGUA: A mesma regra de contar as palavras foi usada para a lista das dez centenas de palavras da língua que se fala no nosso país. Além disso, foram contadas só uma vez palavras que têm um jeito de escrever para homem e outro para mulher ("gato" e "gata"), para uma coisa ou duas coisas ou mais ("gatos" e "gatas") ou quando se diz que essa coisa é muito grande ("gatão", "gatões", "gatona", "gatonas") ou muito pequena ("gatinho", "gatinhos", "gatinha", "gatinhas"). Além disso, palavras são contadas separadas mesmo quando tem uma linha entre elas ("explica-tudo" são duas palavras: "explica" e "tudo").

AJUDADORES

Um monte de pessoas me ajudou com este livro.
Os nomes delas não têm as palavras que as pessoas usam muito,
mas vou escrever assim mesmo, porque elas são importantes.

PESSOAS QUE SABEM UM MONTE DE COISAS E ME CONTARAM ALGUMAS:
Asma Al-Rawi • Edward Brash • Cel. Chris Hadfield • Evan Hadfield
Charlie Hohn • Adrienne Jung • Alice Kaanta • Emily Lakdawalla
Reuven Lazarus • Ada Munroe • Phil Plait • Derek Radtke • schwal
Meris Shuwarger • Ben Small • StackOverflow • Anthony Stefano
Kevin Underhill • Alex Wellerstein • Paul R. Woche, ten.-cel. da Força Aérea Americana (ref.)

PESSOAS QUE AJUDARAM MUITO:
Christina Gleason • Seth Fishman e o time Gernert,
incluindo Rebecca Gardner, Will Roberts e Andy Kifer
Bruce Nichols, Alex Littlefield e todo o pessoal da HMH, incluindo
Emily Andrukaitis, Naomi Gibbs, Stephanie Kim, Beth Burleigh Fuller, Hannah Harlow,
Jill Lazer, Becky Saikia-Wilson, Brian Moore, Phyllis DeBlanche e Loma Huh
Ricard Munroe • Glen, Finn, Stereo, James, Alyssa, Ryan, Nick
e meus amigos que ajudam muito no #jumps e no #computergame
E, acima de tudo, a Usa-Anel Bonita e Forte